時報出版

武俊傑

著

掌握烹飪知識點、技巧、
零失敗、絕對美味的 **42 道**完整食譜提案

luigi 紳裝主廚
武俊傑的
人生和他的創意料理

IG 打卡名店─路易奇創辦人，
玩料理、玩創意，精緻料理美味上桌！

目錄

Chapter2　料理小教室：關於料理的知識點

CONTENT

目錄

Chapter3 我的祕密食譜
異國風味：創意與美味的結合

CONTENT

Chapter4　家傳料理：記憶中的家鄉味

CONTENT

推薦序 　　　　　　　　　　　　　4foodie 創辦人 Ava

　　主廚餐飲版圖裡的七間品牌，我吃過五間，其中包含遠在高雄的路易奇火力會社，而台北市民大道上的路易奇電力公司跟 KRIS 牛排館，也是我造訪數次的餐廳。主廚的餐飲風格的確是受時下年輕人歡迎的，常常跟三五好友想喝杯酒吃點肉時，就會想到路易奇，連現在防疫期間外送的防疫餐點，也是點路易奇家推出的和牛便當、生牛肉片與牛排。稱我為「路易奇國際後援會粉絲會長」應該不為過。

　　其實在多年前的食品展是我第一次見到主廚本人，但我從沒跟主廚提過此事，直到現在。當時我跟友人逛到腳痠，只想好好安靜坐下來休息片刻，沒想到一位髮型特殊的男子朝我們走來，向我們大力宣傳美國牛小排有多美味，不信的話可以現場煎給我們吃吃看，我心想：是當我沒吃過牛排？而且髮型說實在不是很討喜，真心不太想理睬，不過當下實在太累，無心思考是否為詐騙集團的新手法，只好被這髮型奇異的男子帶去他的展間一探究竟。展間牆上擺設著大大小小的獲獎照片，各種照片上的男子髮型也是千變萬變，到底對自己造型有多講究？總之，看到這些獎項與照片後，稍微相信這男子沒在吹牛了，接著他端上香味四溢的美國牛小排，講解著單面煎了幾秒鐘，側面煎了多久，調味的鹽巴是來自哪裡，聽起來跟他

的髮型一樣講究。終於等到品嚐牛小排的時刻，不誇張，入口咀嚼那一瞬間，我跟友人對看了五秒，並露出天啊～這什麼人間美味啊！的表情，不用言語，確實是非常美味，肉汁帶著淡淡的奶香味，油花均勻四散在口中卻不油膩，簡單海鹽提味使得肉質鮮嫩多汁，此刻終於百分之百相信這位講究造型的男子不是詐騙集團了，是位貨真價實的主廚。我開始向男子提出各種關於肉品的問題，想藉此學習到點什麼，而男子有問必答，提供我各方面知識與資訊，絲毫沒有一點不耐，當下有偷偷崇拜了一下沒有表現出來，但這口牛排與男子，是我對那天食品展，唯一的記憶。

　　餐飲與料理，對於廚師、饕客、美食評論家而言，就像個無底洞，永遠有認識不完的食材、學習不完的知識，與不斷創新的科學技巧。餐飲對我而言，是我自在的舒適圈，也是我每天面臨新挑戰、逼我成長的圈子，要在這樣的環境殺出一條血路，並不容易。而主廚的成功絕非偶然，他發掘自己的天賦，全心投入，勤奮學習，並在失敗中汲取教訓，不斷成長，精進自己的實力，一步一步紮穩腳步，踏實的專注在做出好料理。

　　主廚不只是主廚，是創業家，更是成功的經營者，是我心目中白手起家的典範之一。這本書講的是主廚的心路歷程與故事，還有

主廚的拿手料理食譜。親身經歷最能打動人心,相信主廚的故事能渲染更多正能量,不論是餐飲界的同仁,或是計畫創業的夥伴,一起努力、一起堅定、一起變好。

推薦序　　　　　　　　　　　　　　　兩性作家 女王

　　第一次見到主廚是和佩瑤一起聚餐，來到主廚的路易奇燒肉店。那一天印象很深刻，有了主廚在，每道菜都變得超好吃，有他幫我們烤肉料理調味，桌邊服務太專業，大家都吃得好幸福啊！

　　平常看佩瑤 FB 上都是天天吃美食，主廚真的很用心，很多人說廚師是女生另一半的夢幻職業，但大多廚師下班很累不想下廚，主廚真的是愛老婆界的好廚師！而且又很年輕有為，開了好幾間不同風格的餐廳，強調享受美食不需要高價位，我覺得真的很有理想！

　　我也很期待這本書可以跟主廚學到許多私房料理，也期待到主廚的新餐廳享受美食（當然，有桌邊服務更好），祝愛妻主廚新書大賣！

推薦序　　　　　　　　　　　　最快樂空姐 林佩瑤

　　2018 年 12 月中旬，我受邀至路易奇洗衣公司用餐，用餐到一半時，主廚過來跟我們打招呼，詢問餐點都還好嗎？

　　一陣閒聊後突然對我說：「其實我們有共同朋友耶！」

　　我：「誰？」

　　主廚：「XXX。」

　　我：「喔～ 我前男友的妹妹！」

　　當時我剛失戀兩個禮拜，他說的人正好是我剛分手男友的妹妹！聽到關鍵字「前男友」，主廚馬上展開熱烈追求。

　　經過了兩個月的窮追不捨，中間也經歷幾段波折，（詳情請去看我的書，哈哈！）最後終於答應他的追求啦！

　　他追我時的招數說實在還蠻多的，舉凡溫馨接送、煲電話粥、簡訊攻勢等等，都抵不過這一招：「做便當」！！！

　　這是我第一次遇到這麼會做菜的男生，更是第一次有男生幫我做便當讓我帶上飛機吃！當其他同事吃著無聊的飛機餐，我吃的是主廚在送我上班前做的熱騰騰牛排、海膽、烏魚子；聖誕節還租了

一個烹飪教室，做了滿滿一桌的聖誕大餐給我吃；最後要交往也是說要做菜給我吃，但這次地點在他家！接下來……嘿對，就是你們想的那樣。然後在各種因素之下，我們在交往的三個月後就閃婚了！！（不是懷孕，閃婚原因也請去看我的書哈哈哈哈哈哈）。

你們問我嫁給廚師的好處是什麼？就是～任何想吃的東西，他都變得出來！

「老公，我想吃龍蝦義大利麵～」
隔天馬上看到他在廚房殺龍蝦。
「老公，我想吃四川水煮魚～」
馬上看到他在廚房炒辣椒煉花椒油。
「老公，我想吃韓式醃牛小排～」
他馬上捲起袖子開始備料醃肉。

這本書紀錄了主廚如何從一個叛逆的孩子變成一個熱愛做菜的男子，一道道手把手教你們料理好每一道菜，從西式到中式，還有婆婆的家傳料理，整本學完就差不多離脫單不遠了！

學好之後記得去做便當給喜歡的人吃，不管是男追女／女追男都管用！至少對我是管用了哈哈哈哈哈哈！

Chapter1

LIFE'S ANSWER

料理成為
我人生的解答

「路易奇」也許是很多人認識我的開始，它是我和合夥人張昆傑先生共同打造的品牌，而媒體上常用「80 後」當作顯示我成功的冠名來介紹我在餐飲上的成就。

我真的不敢說自己「成功」，那是在經歷過懵懂的成功，膨脹過後自食惡果的嚐到「失敗」得到的結論：**成功可以很僥倖，而失敗絕對不會沒有原因。**

這也是我想跟大家分享在有「路易奇」之前大概的人生經歷的原因，我並不是得天獨厚的案例，與馬路上大部分的人一樣，甚至更糟的經歷過跌撞、掙扎……，最後生出一些微小的經驗智慧，才走出穩健的步伐，讓自己能往夢想奔去，希望能給所有對料理、餐飲業有興趣的朋友，一些想法和體會。

浪子找到夢想的故事

這一段我就簡略地提一下，跟很多青少年一樣，父母忙於工作，我則沈迷於電影當中兄弟情義之類的結夥作惡……呃，錯置更正，是結夥作伴。其結果就是越活越偏離正軌，就在國中畢業前一個月，因為一位高中學長被圍毆急 Call 救援，我撂人幫忙，很不夠力地只撂到三個，一場混亂、錯綜複雜和智商下線的鬥毆戲碼上演，混亂之中，我打斷別人的手，發覺事態不對勁，大家四散逃離現場……，如同電影情節一般，警察抓住了一些人，大家都很講義氣的沒有抖出我來……除了那位高中學長，他說出了我的名字，於是警察循線上門逮人……，然後「武姓少年率眾械鬥」的新聞就這樣出現了。

由於當時我未滿 16 歲，開庭時必須由家長陪同，而收到法院通知的開庭日，正是我母親生日當天，她留著眼淚說：「這就是你送我的生日禮物……。」

那一幕是我第一次對自己感到後悔，但當時的後悔有點模糊，也模糊地對那位高中學長感到憤怒。

對於無法管教的孩子，很多父母往往選擇送到國外去唸書，也

許是一種覺得這樣就可以隔離那些帶壞我孩子的朋友，也或許是眼不見為淨？我並不確定真正的原因，總之我父母也做了這樣的選擇。

被送到美國後，我在學校從「霸凌者」變成了「被霸凌者」，這才讓我了解原來被霸凌是這樣痛苦、羞辱和自我否定的感覺，深刻覺得這是「現世報」，自己種的因，就得承受這樣的果，我開始真的有所醒悟。尤其在學校我目睹有同學被人用蝴蝶刀把鼻子給削掉後，我決定自修去考高中同等學歷的考試，考上之後我就直接進了大學。

一塊牛排帶我走進料理世界

說穿了，許多「壞孩子」在求學階段只是不喜歡唸書，但是在只有唸書的人生階段中，無法從學校成績獲得認同和成就感，於是把所有的挫折或其他一些不知該怎麼處理的負面情緒，轉移到做出一些自以為可以滿足自己或引起他人注意的事情上。而我即便到了美國有所意識地選擇遠離那些容易滋事的人和環境，卻依然不愛唸書。直到有一天我去 Mastro's 餐廳吃到一塊讓我嘖嘖稱奇的牛排，它的外表焦脆、內在柔嫩多汁……我驚呆了！這也太好吃了！於是我開始好奇：「廚師是如何做到的？」

問肉舖老闆，他們似乎也很懂料理、看 YouTube 影片教學……自己不斷在家嘗試用各種方法做，但無論如何都做不出 Mastro's 的味道。這反而勾醒了我的料理魂，越是做不到我就越想要挖掘出美味的真相。與此同時，完全沒興趣唸書的我去報名上餐飲學校，期間我也詢問老師牛排到底該怎麼做，當然也仍舊沒有做出過令我一試難忘的味道。為了一塊牛排，我發現了自己對料理的興趣與熱情，因此餐飲學校唸到中級後我們被發配去餐廳實習，在這 4 ～ 5 年之間，我白天在進出口公司做行銷，晚上就去餐廳實習。

紳裝主廚武俊傑的人生和他的創意料理

　　認識到自己對於料理的熱情可以持續，我在居住美國的身份期限過了之後，就回到台灣並且計畫著要自己開餐廳。

　　當兵期間就找幾個好朋友策畫創業，一退伍，我們就申請青年創業貸款，開啟了我在台灣的餐飲之路。

僥倖成功為失敗之母

我的第一家餐廳開在內湖科學園區一帶，那個時候其實什麼都不懂，只想著要開一家大家口中「很酷」的餐廳，想著座位之間要舒適寬敞、品項要有質感，做一些輕食……，開幕第一個月，真的不誇張，每天都排隊排到一整條街，對！就是這麼厲害 --- 然後第一個月就賠了 50 幾萬！每天排大隊，一位難求，為什麼還賠錢呢？因為座位數沒算好，走什麼舒適風格？！客人來點一杯 70 元的咖啡、坐 6 個小時，然後輕食的品項價格也不可能高，那些看似很熱的熱度，原來並不能帶來營收。

於是我改變策略，開始出牛排之類高單價的品項，價格比之前翻了 3 倍，座位也做了重新的規畫，然後我的一位夥伴說：「台灣其實很多人不吃牛，我也不吃牛啊！」我聽的時候覺得很不高興，因為我自己不喜歡吃豬肉，可是這位員工不放棄，一直叨叨念念說我應該要開發豬肉料理，不然那些不吃牛的人要怎麼辦……，我被他唸煩了，我就想那做出一個自己可接受的豬肉料理吧，7 分熟的「戰斧豬排」就這樣誕生在我的餐廳，並且為我帶來爆紅的滋味。

3、4 個月後，從開業之初的成本連同之前賠掉的都全部賺回來，

哇～我上頭了，第一次創業就有這種熱度，頭怎麼可能不膨脹，於是我們野心勃勃地開了第二家、第三家、第四家店，店擴展地飛快，頃倒地也飛快，成功來得容易，失敗一點也不難。

創業手要穩、心要定

隨著暴起暴落，我沉寂了下來，思索著自己做錯了什麼？明明爆紅了不是嗎？也把戰斧豬排做出名聲了不是嗎？那麼是哪裡出了問題？這裡面當然有深深的挫折感和自責，覺得自己玩壞了一個因為幸運而得到的品牌。

在那兩年的低潮裡，我碰到了現在的合夥人張昆傑先生。他本來是要跟其他人合作開餐廳，找到我當顧問，這給了我很好的契機。

過去自己開餐廳的我，往往身陷其中，看事情不夠全面和客觀，但是當顧問就是要替當事人全面性的思考，怎麼做才能不讓他賠錢、怎麼做才夠讓他經營成功。出餐要怎麼出？廚師要怎麼處理？蛤？老闆想要用很美又有質感的高檔木頭桌子？消費者真的在乎這個嗎？他又不是要開金字塔頂端的餐廳，整個成本就這麼多，要花在桌子上嗎？

這個顧問身份，讓我發現自己之前所犯的錯誤，每一個人的心力都是有限的，每一家餐廳的成本也都是有限的，你必須選擇花在哪裡，不能全都要，我之前就是一天到晚想跟著潮流去開發新的品

項，把力氣都花在創新上面，自然就顧不好基本吸引消費者的品項。太快的擴展，也造成我顧不好打下根基的店。

我想通了這些道理之時，正好碰上張昆傑本來要合夥的人不玩了，他就問我要不要跟他合作？通過一段時間作為顧問與他的交流，我覺得我們挺合的，也覺得自己是時候重新開始了，於是我們就成了合夥人。

「路易奇」這個品牌在我和張昆傑共同的創作下誕生，很多人說我們的餐廳是ＩＧ打卡熱點，這真是始料未及的，因為開「路易奇洗衣公司」的時候，我們的理念就是把成本都花在食材，沒有刻意的裝潢、沒有過多的服務、餐盤也沒有太多的擺飾，一切都以食材為考量，唯有降低其他成本，我們才能用真正好並且是我們想用的食材，所以餐廳的裝潢上，只有我們想跟 The French laundry 致敬的一些概念設計，能夠受到很多朋友的喜愛，回頭客佔了我們營收的七成，我們當然很榮幸，這是我們意外的收穫。

洗衣公司開了一個月就爆紅，不得不說，開餐廳很多時候自己能夠掌控的說穿了只有料理好不好吃，往往在客群設定或是受到消費者喜愛的，除了食物本身之外，會跟預想的總有些差距。當初開

洗衣店時，我們想的是很「哥兒們」的畫面，就是一群男生朋友，想要聚在一起吃好東西，服務生不要來煩我們，而且是不帶妹、純哥兒們的聚餐，享受美食再喝點小酒。

說到酒，這也是我在開餐廳前就設定好的，當時我看過一篇報導，有一位法國米其林一星的主廚在台灣自己開了家餐廳，但生意慘澹經營不下去，他接受採訪時就說因為台灣人不懂品酒導致他餐廳失敗，而法國菜搭配酒是很重要的……。我看了這篇報導就想：WT……台灣人怎麼會不懂酒？這是什麼邏輯！他的餐廳一瓶酒動輒 2 千元以上，試想台灣人平均月薪水收入大約 3 萬元，去吃一餐光是點一瓶酒就佔去月收入的快一成，誰受得了？那一餐吃下來不就薪水去掉 3 分之 1 ？我沒辦法接受他蔑視台灣人的品酒水準，所以在開餐前我就設定我不要用翻好幾倍的價錢來賣酒，我要讓來我餐廳的人都可以享受美食和美酒，所以我餐廳的調酒大約定價在 150 元左右、紅白酒一瓶定價也只有 400 多～ 600 多元之間，實際上就是進價加上 100 元，而這 100 元就是我的利潤，最後也證明了，我一家餐廳一個月可以賣出五百多瓶的紅酒，台灣的消費者也有自己愛好的葡萄品種跟在風味搭配上其實也相當專業。

然後就是 Tapas 概念，很多時候我們可能只有 3 ～ 5 好友，走

進餐廳看到菜單上有那麼多道餐可以點，但人數又不多，點太多不同的品項一定吃不完，所以我們採取每一個品項份量不多，用 Tapas 的概念，讓消費者可以一次品嚐多一點的品項，然後定價就在 300 元左右一道，那些過去印象中高貴的油封鴨、和牛、牛小排等，都可以在我這裡用平價的價格吃到。

這是我理想中的餐廳畫面，結果開幕以來，我們發現女性客人還是 80% 以上，這跟預設就有很大的不同，雖然如此，但其他的設想卻顯然受到消費者的喜愛，就這樣我從跌倒的地方重新站了起來。當路易奇洗衣公司站穩了腳步，我們開了另一家「路易奇電力公司」。

如同之前我所提到的覺悟，後來的我堅持只做自己有熱情和喜愛的料理，所以路易奇電力公司主推我和太太最愛的燒肉。一樣用平價的設定、沒有繁複的裝飾、適當的服務等原則，電力公司同樣的斬獲了不錯的成績。

在之前那次失敗的經歷中，因為當時對於經營很沒有概念，因此上了很多相關的「專家」的課程，和找了很多相關書籍來看，這當中有很多理論我實踐之後都發現是錯的，其實我得出的餐廳經營

心得說穿了非常簡單：

一、可以有創意，但不要為了創意而創意

我自己是個喜歡創意的人，所以會在科學的基礎上去發揮食物的可能性，像是常常被大家提到的「鴨肝滷肉飯」、「剝皮辣椒鹹蛋黃義大利麵」等，都建立在我自己喜愛的食物味道上去嘗試發揮我的創意料理，在基本功上也下足功夫，而不是因為想要有創意去硬把不融合的味道湊在一起，為了創意而創意反而會失去料理的美味。

二、不要隨波逐流

市場是多變的、消費者也一定有愛嚐鮮的人，但我認清了那些想嚐鮮的心態，一定不會是基本牢靠的常態性消費，他們可能今天吃這個、明天吃那個，但不太會成為你的回頭客。就如同我喜歡一家餐廳的某一道菜，我也許不會天天去吃，因為會膩，但我可能每一個月都會去吃個兩三次，這才會成為那家餐廳的固定常客，也是一家餐廳能夠長久經營下去的重要客群。

如果眼見突然流行起哪種料理就跟風去做，那麼原本消費者想來吃的吃不到，他就不會再回來，而新客人吃膩了，你又得換另一種料理風格，這家餐廳就註定完蛋。

三、一定要自己喜愛和有熱情

只有做自己有熱情的東西，消費者才會買單，不管你信或不信，就好比我自己創意出上述的那兩道菜，偏偏就是消費者反饋最愛的兩道菜，這是我的經驗告訴我的。又好比我和太太愛吃燒肉，所以對選擇肉品、配料等等，都憑藉著內心的真愛去做選擇，沒有真愛怎麼肯用好的食材，一定只想著怎麼節省成本。

而一旦你的餐廳是銷售著你自己有熱情的料理，你一定會更加用心和持續著熱情走得長遠。

四、賭氣往往是創作料理的動力

賭氣其實也是某種程度的不服輸或者說是妥協，這都只是說法上的不同而已。

當初開洗衣店的時候，我的一個從 5 星級飯店找來的外場經理告訴我，一家義法料理餐廳，一定要有義大利麵作為主食，我不想理他，因為我喜歡米飯、不愛義大利麵，但這位外場經理卻很堅持的一再強調要有義大利麵真的很重要，他有他的專業背景，在尊重專業的考量下，我只好聽從他的建議。

但骨子裡叛逆的我，就是很不想要，所以決定做一道跟義大利麵一點關係也沒有的義大利麵，我開始思考要如何做出一道我自己會想要一個月吃兩、三次的義大利麵。從煉蝦油到乳化醬汁，然後加入我愛的剝皮辣椒醬汁再加上朝天椒、鹹蛋黃……，反覆嘗試之後，終於做出我自己超愛的義大利麵，每一次吃我都超有成就感的。

某種程度上我是為了那位專業外場經理的建議做出妥協，但在妥協之中又有我的賭氣在，這成就了我自己很愛，也很受消費者喜愛的創意料理。

五、 現代的管理方式和給員工舞台

很多人問我年紀這麼輕既當老闆又當主廚，管得了員工嗎？尤其每個廚師基本上都有著藝術家的人格特質，而現在的年輕人也很

不願意被管，外場的服務人員又要如何讓他們符合我的要求？

關於廚房的控管，我用一個很簡單的方法可以跟大家分享，那就是「ＩＧ照片關照法」。這要感謝所有的消費者，樂在拍照和分享美食照片到社交平台，我只需要瀏覽這些社交網站上消費者上傳的照片，就可以看出菜色有沒有走樣，不論是肉是否過熟、不夠新鮮……到菜是否味道跑掉，我都可以一眼從照片上看出來，一發現有問題我就會親自去那家店的廚房關心，這個方法，讓問題無所遁形，所以我的廚房裡大家都不敢掉以輕心，誰也無法控制哪一道菜會被上傳照片啊。

對於廚房的管理，除了食材的品質和料理的美味之外，我一定會給其他廚師他們想要發揮的空間，每一個廚師都需要有熱情可以發揮的機會，只要不背離消費者的希望，我會盡量讓他們發揮。

而外場也一樣，除了一定必須要有的服務態度之外，有的人個性內向不愛跟陌生人聊天、有的人喜歡把客人當朋友那樣親切，我盡量讓他們隨著自己的個性去發揮，有很多客人喜歡酷酷的服務人員，也有客人喜歡愛聊天的，青菜蘿蔔各有所愛，就不必太強求外場的同事一定要很熱情。

六、對消費者將心比心

　　這個說起來也非常簡單，我自己是個從小受家庭環境影響，常常上不同餐廳吃飯的人。到了出社會開餐廳，因為家人並不支持的情況下，一切都是靠自己，所以也不是一餐飯可以揮金亂撒的人。這就是為什麼我沒有去打造一個金字塔頂端為消費群眾設定的餐廳，我希望像我一樣的人能夠擁有吃美食和懂美食甚至美酒的機會，而不會因此太有負擔。

　　而不再亂花心思在不停換菜單上，也其實是我自己將心比心的去想過，我自己喜愛一家餐廳，往往上幾十道菜中的某幾道受我喜歡而已，我會為了那區區幾道菜而十幾二十年將那家餐廳列在我愛的餐廳名單中，但有一天我再去那家餐廳，赫然發現他菜單換了，剛好把我愛吃的都換掉了，那麼我就再也不會去那家餐廳了。加上我自己錯誤的吸收資訊而嚐到過失敗的經驗後，我更加篤定要把自己作為消費者的心態，牢牢的當作經營餐廳的守則。

　　因此這幾年，我感受到自己穩定的步伐，在經營餐廳上走得更舒服和從容。

七、一定要有取、有捨

之前我就提到過經營一家餐廳除非資金真的非常雄厚，如果是一般中小型餐廳的規模，在有限的成本上，一定要懂得作取捨，如果你希望開一家「吃氣氛」的餐廳，可能就會需要把大部分的成本花在裝潢擺飾上，那麼食材只能退而求其次，同時價格也不能訂的太低，因為「吃氣氛」的環境下，客人不會吃飽就走的。

反之如果希望把成本投入在食材的品質上，裝潢那些就定出基調，做出你想要的風格就好，不要用太奢侈的材料去做，那就能夠有寬裕的成本投入在食材上面。

總之規格條件不高的限制之下，是不可能什麼都要的，消費者其實對自己的需要他們自己很清楚，一千元的均消，能夠得到什麼他們會有明確的評估ＣＰ值是否滿足他們，所以經營者不要自己貪心的想要什麼都做到，才不會顧此失彼。

以上就是我跟大家分享的小小心得。

夢想需要時間和環境培養，我還在路上

料理和開餐廳會成為我的夢想，好像只是源自於一塊牛排，但仔細回頭看我的成長，我覺得和我有一位非常會做菜的媽媽，以及我的家庭基本上是重視美食的有關。

我一開始說過小時候我的父母都忙於工作，但不論他們多忙，一個星期我媽媽總會有兩三天自己做菜給我們吃，其他的時候諸如週末或有特殊節日，甚或是和他們的朋友相約聚餐，總會帶著我們一起上餐廳。

會做菜的媽媽當然對於美食有一定程度挑惕的口味，這其實潛移默化地也會影響到小孩。所以我不否認在這樣的家庭成長，我其實對料理也挺敏感和挑惕，雖然這一切都是在不知不覺中養成的。

真的開始發現自己對料理有興趣，的確是我到美國以後，由於離鄉背井，常常會懷念起家的味道，我第一次自己做出一道菜，其實是因為太想念我媽媽做的黃燜雞，於是我打電話給媽媽，問她要怎麼做，她就遠端教學地一個步驟一個步驟慢慢教，我記得好像兩個小時吧，我終於做出這道黃燜雞，而且還真真切切地就是我媽媽

的味道。這實在讓我太開心了，雖然後來我有自己試著改變一些做法，加入一些自己的創意，但就非常失敗，難吃的要命，畢竟那個時候的我對料理還沒有任何概念。

當離開家後，不論想吃什麼都需要靠自己，我想是在那樣的環境下才喚醒了我的料理魂。我開始吃到好吃的就會好奇廚師是怎麼做出來的，就會問餐廳裡的人，或是有機會問廚師，或是問市場賣肉賣菜的人，然後就會自己嘗試在家裡做。經過這樣的長時間培養，我發現自己對料理的興趣越來越濃厚，並且止不住地在原本的食譜當中嘗試去加入自己的創意。

這是一種認識和了解自己的過程，我發現自己不滿足於按照常規的食譜做出好吃的東西，我總是想發掘出各種可能性，當然不是分子料理的那種程度，但總覺得創意可以激發出食材之間的火花，給自己和別人帶來驚喜，那種滿足是我很愛的。

隨著去唸餐飲學校學到一些專業知識，和在餐廳打工遊走在廚房之間得到的經驗，我對於自己的夢想越來越篤定。

其實由於唸書時期我那些不良的行為和後果，我的父母一方面

不相信我能夠堅持努力去經營餐廳，另一方面他們覺得開餐廳是很辛苦的事業也不鼓勵我那麼吃苦，所以對於我要自己當老闆開餐廳這個決定，是很不支持的。當然在經過 Mastro's 的成功之後，他們看到了我的努力，漸漸才接受了這個兒子雖然不愛唸書，但對於自己熱愛的事情還是頗能吃苦耐勞的給予了肯定。

在開洗衣店的時候也很幸運的遇上了我的太太佩瑤，我們的最佳共同興趣就是到處吃喝，而她對美食的熱情也給了我很多的靈感與想法，她常常把她在各國飛行的美食經驗分享給我，我也因此可以有更多的熱情，用我自己的方法，去做出她的旅行美好回憶。

在開餐廳和料理的夢想路上，除了媽媽是我夢想的種苗者之外、我的太太是我的灌溉者，還有兩位對我有很大啟發的廚師榜樣給我很深的影響，他們一位是 Josiah Citrin，另一位則是有世界廚神之稱的 Alain Ducasse，這倆位當然都有米其林的星星，尤其 Alain Ducasse 更是在世榮獲最多星星的主廚。

追求料理美味的純粹

Josiah Citrin 是位於洛杉磯 Mélisse 現代法國菜餐廳的主廚和創辦人，這家餐廳榮獲米其林 2 星的評價，並且多年蟬聯 Zagat 餐廳排名中的第一位。

我第一次吃到他的料理，感受就是：「天吶！他到底做了什麼讓東西這麼好吃！」因為好奇，我就買了一本他的食譜來看，他的食譜比如說就是一道牛排，他光是牛排旁邊的好比一個胡蘿蔔配菜，光是那個胡蘿蔔的食譜就兩、三頁了，哇！我就覺得把料理的每一個環節這麼細心地作出來，就可以這麼好吃，這讓我對料理的想法改變了很多。

Josiah Citrin 這種追求料理美味的純粹態度，讓我非常崇拜和欣賞，也是我提醒自己能追隨的精神。他是一位除了追求料理完美的廚師之外，也是個從不懼怕挑戰和改變的人，由於自己的親戚在洛杉磯投資餐廳，Josiah Citrin 特別鼎力相助，為他打造米其林等級的超美味熱狗。

想想看，一個米其林高級法國餐廳的廚師和創辦人卻願意去做

熱狗攤上的熱狗！他就是這樣純粹追求料理的美味，而不拘限於在「高級」料理中，這對我來說實在太酷了！他強調所研發的熱狗並未採用任何昂貴的食材或醬料，只是回歸原始把熱狗做好吃而已，加州樂誌小組吃過後讚不絕口：「培根肉、熱狗、醬料搭配得恰到好處，烤得微焦的麵包讓人口齒留香，此時比賽變得一點都不重要，因為這佳餚太好吃了！」說明一下，因為這個熱狗攤是在加州 Staples Center 這個體育館裡面，就是那種我們常常在電影裡面看到的場景，你去看球賽之前去熱狗攤買熱狗吃的那種，哈哈，真的很酷！

另一位我的偶像和目標 Alain Ducasse，則是不折不扣在料理上追求完美和嚴謹的讓我折服。要說起他的事蹟和偉大，我想那是可以寫成好幾本書的，所以如果對他有興趣的讀者，你們可以找一部《The Quest of Alain Ducasse》的紀錄片來看，對他有清楚的介紹，我就省略不多談，只談他的成就和對我的啟發。

Alain Ducasse 除了是一位名廚之外，是西方世界餐飲圈的精神領袖，更是一位成功的商人。他在全球擁有 34 家頂級餐廳、加起來囊括 19 顆米其林星星，另外他也開烹飪學校、酒店、酒吧⋯⋯甚至高級時裝店，他名下一共有 8 個子品牌、73 家店，很驚人吧？

　　廚師出身卻可以將自己的影響力遍及不同的領域，甚至是在新冠肺炎疫情期間，讓政府逐步開放餐廳，以及將餐旅業的損失向政府爭取補助等等影響力，都在在證明他不僅僅是享受影響力，他也負起具有影響力的責任。

　　他有來台灣辦過餐會，那個時候是我爸媽帶我去吃的，那也是我人生第一次吃到法國菜，也是我人生第一次感受到原來料理可以這麼好吃的初體驗。我第一次吃到那麼讓我讚嘆的法國料理就是他，而多年之後讓我再次有那樣感受的料理則是 Josiah Citring，這兩位真的對我有很大的啟發以及很深的影響，也絕對是我料理上的目標人物。

　　我不敢說自己夢想是像 Alain Ducasse 那樣擁有整個像是「餐飲帝國」一般的成就，我也不會矯情地裝作對米其林不在乎，我希望自己有一天也能夠獲得那樣的肯定，但這個夢想可能需要我耕耘更久的時間，它不會是一個短程的目標。如同在一個採訪中記者問 Alain Ducasse 覺得自己更像一個企業家還是主廚？他回答：「我覺得自己更像是一個藝術總監。我投入研發美食的創意，構思下一個目的地，設計和構思餐廳，取得靈感。我的挑戰是整合經營餐廳的種種元素，包括確定 logo 的外觀和大小等細節。客人在用餐時要能

感受到設計和食物概念彼此的和諧。」我希望自己也能夠把料理當成一種五覺的藝術，讓自己能夠一步一步臻於完美。當然，這真的需要很多時間。

一起努力、一起堅定、一起變好

拍攝食譜的最後一天，正是五月新型冠狀病毒疫情開始爆發的前一天，因此在後來的採訪和書籍溝通上我們都是「遠距離線上溝通」的方式進行。

編輯在線上問我：「你大直的川泰辣荼餐廳才剛開始，還有你那些個洗衣店、電力公司之類的餐廳都怎麼辦呢？你會不會因為防疫做一些料理的調整？」我很快地回覆：「沒有怎麼辦，就是想辦法撐下去。我不會為了防疫去做什麼料理的調整，就是繼續努力做好料理。」

三級警戒餐廳只能外帶、外送，這是唯一能變通也是唯一的選擇，所以沒有什麼好掙扎的，我的電力公司因為燒肉只能現烤，所以外送和外帶我們除了配菜之外，就是醃製好的生肉讓客人自己在家裡烤，除此之外都有線上訂餐的外送服務，我相信很多餐飲業都是採取這樣的方式來勉強維持。我想好的方面就是很多人因為盡量不外出，在家裡自己料理或者點外送來吃一頓好的，是很大的慰藉，美食因此也更重要不是嗎？（苦～笑～）

但這個時候抱怨也不會讓事情變好，我能夠做的就是哪怕是外送外帶，也努力讓消費者吃到美味的料理，然後所有人能夠做的都是保護好自己的防疫和保護身邊的人，大家一起努力加油、一起堅持自己的工作在力所能及的範圍裡做好，這樣才是能夠讓事情變好的唯一方法。

大家加油！我，加油！

料理小教室：
關於料理的知識點

COOKING
CLASS

「風味」是料理的靈魂

這本食譜書在步驟上我寫的比較繁複，那是因為每一個步驟，都是累積風味的過程，很多人看影片或食譜書照著做，做出來卻總覺得少了什麼，那就是因為過程不夠仔細、不夠用心，少了一點點，就會失之毫釐差之千里，所以我想要強調的是，做菜千萬不要心急，一步一步享受過程，才能收穫品嚐時的享樂。

我在對料理產生興趣後，也花了很多的時間去嘗試製作各種書上的食譜，但是在風味上一直沒有得到滿足，料理的重點在於能否將每個食

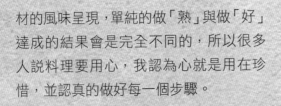

材的風味呈現，單純的做「熟」與做「好」
達成的結果會是完全不同的，所以很多
人說料理要用心，我認為心就是用在珍
惜，並認真的做好每一個步驟。

接下來我跟大家分享一些我自己在料理
時很注重的環節，以及讓大家對這些步
驟產生多一些的了解，這樣大家在做料
理的時候更能夠融會貫通，相信也會更
享受料理的過程的。

爆香

我們常常在各種食譜中看到一個叫「爆香」的步驟，但我們真的懂什麼叫「爆香」嗎？爆香是為了不同的食材在不同的溫度以及加熱的時間上，會產生特殊的風味，好比常被拿來爆香的食材有：大蒜、蔥、洋蔥、辣椒、薑等等，他們在經過溫度和時間之後，會產生不同的香氣，增加料理的風味。

食材本身也會拿來「爆香」像是一些含有蛋白質的肉類、豆類……，以及碳水化合物類。而鍋中的食物量也會影響鍋內的溫度，所以要掌握爆香這個步驟在很多料理中是非常重要的一環。

洋蔥的香氣

洋蔥在生、熟、焦糖化都會有不同的風味，我們常常在製作西餐的食譜中會用到洋蔥，最重要的就是焦糖化的洋蔥，製作的時候一定要注意鍋裡的食材，像是在作茄汁義大利麵，洋蔥如果跟番茄同時下鍋，那洋蔥就沒有辦法產生完整的焦糖化反應，除非番茄本身已經焦黑，洋蔥本身在炒的時候都建議是在鍋裡面只有洋蔥的時候在炒，在炒洋蔥的時候如果鍋底有一點焦黑，可以用大約兩湯匙的水去把它鏟起來，風味會更好。

蝦湯與蝦油

蝦的主要風味來源於頭部跟他的殼,而我們大部分在做料理的時候都沒有發揮到他完全的風味,只管炒熟或煮熟以為這樣就有足夠的鮮味了。其實不然,只要多用一點心,你會品嚐到原來蝦可以有這樣豐富的滋味。

我在自己餐廳都會分成兩段處理,剝除大量的蝦殼與蝦頭,除了當天要用的蝦仁拿來做菜外,蝦殼與蝦頭都冷凍起來,累積的量足夠之後將蝦殼、蝦頭用小火煉油(油的份量以剛好可以淹過殼即可),做蝦油的時候不需要一直攪拌,最主要要注意油的顏色變化,當甲殼素和蝦紅素慢慢滲出後,油會慢慢的轉紅,不要讓它顏色過深,煉完蝦油的殼跟頭這時候的風味是最好的,我們會再用果汁機加上一點點的熱開水,打成蝦汁,過濾後,加一點鹽延長保存,當成蝦高湯來使用。

做好的蝦油不論是炒青菜、炒飯、義大利麵……很多時候都可以加入一些,增加料理的風味。

榛果奶油

我自己很喜歡焦化奶油的香氣，在各種料理包括甜點中，我都會用這種奶油去作為食譜中所提到的「奶油」使用，風味的層次會完全不同。

製作的方式也很簡單，把奶油用中火融化，顏色變深之後，就是榛果奶油，再冷卻備用即可。這樣的奶油在各式排餐上淋一匙，風味都會非常好。

鍋底的風味萃取

　　很多食譜上並沒有特別告知在料理過程中，這個步驟使用完的鍋子，在進入下一個步驟時要怎麼處理，大家通常就會把這個已使用過的鍋子洗乾淨，才進入下一個步驟。

　　我要偷偷告訴大家一個關於鍋底的秘密，就好比像是我們要煮牛肉麵，很多食譜都會教我們牛肉要先煎炒過，然後再取出、再炒一些其他的食材……，登登～～這時候要注意的有兩個事項：

1. 先將牛肉煎炒過是為了萃取出牛肉的焦香風味，而這個風味光靠炒基本上是不會產生的，正確的方式是要放油，牛肉先單面朝下直到肉的顏色轉為深褐色，如果顏色只是熟了的灰色，那這個步驟就等於完全沒有意義，並不會有任何增香的效果，在把牛肉煎到深褐色的時候，鍋底往往也會有一些沾黏的部分，所以接下來要再炒其他食材時就需要換鍋，於是第二個特別重要的事項來了！

2. 加入一點點的水把鍋底都鏟起來，然後倒入煮牛肉湯的鍋子中，在西餐這個步驟我們叫做「萃取風味」，會讓整個風味的層次疊加，更加美味。而不是一把倒進水槽就沖掉，那可太可惜了！

　　所以切記鍋底的萃取，也是讓料理提高風味層次的重要精華喔。

油脂的使用與香料油

　　油的大部分作用都是「介質」，讓我們鍋子內的溫度能夠更加均勻，我在書中大部分都是建議使用米糠油或是純橄欖油，這邊的純橄欖油是指市面上較便宜的橄欖油，因為較耐高溫，而且本身沒有橄欖油的強烈味道，米糠油耐的溫度更高，也幾乎是沒有味道，對料理來說非常加分。而我也會使用這些油品做食材的保存，像是在大賣場有時候會買太多的牛排，與其在沒有真空機的狀況下冷凍起來，不如直接用密封盒，放入牛排，在不堆疊的狀況下用油淹過牛排，這樣的保存方式其實就是真空保存，保存的時間可以拉長到將近一週，不但不會因為冷凍影響肉品的質地，肉質也會稍微軟化，油也不會吸進肉內，不會因此攝取更多熱量。

香料油

平時大家也可以利用空閒時先製作出自己喜歡的香料油來使用。

我自己非常喜歡大蒜及辣椒，我會用切碎的大蒜泡在橄欖油內，加上一些辣椒，炒到冒泡後關火，待冷卻後裝瓶，也可以用迷迭香，百里香，其他的香料來做香料油，做其他菜色的時候使用，就能夠增加很多堆疊出來的風味。

牛排的知識

開啟我對料理追尋的「牛排」，我也相對有較多的心得可以跟大家分享。

牛排的美味感來自於三個重點，保水性（多汁）、柔軟度、以及風味，我自己喜歡用的手法就是將前置作業拉長，用不同的步驟去達成肉的完美狀態。

1. 盡量使用冷藏的牛排，如果是冷凍的牛排，在不破壞包裝的狀態下放到冷藏慢慢解凍（約需 12 ～ 24 小時），冷凍的牛排在冷凍時，以及退冰時因為肉本身的肉汁，在過程中冰晶的產生或是解凍時的壓迫，都會讓肉本身的肉汁大幅度流失，所以不要用室溫解凍，更不要用流水解凍。

2. 肉不要清洗，因為洗的時候會造成肌紅蛋白的流失，風味跟肉汁會下降，而洗過的肉也較沒洗過的肉更不乾淨，更容易變質。

3. 要料理牛排前不用先拿到室溫降溫，因為我們希望的就是表面焦脆中心柔軟的牛排，在美國正統的高級牛排館點的熟度最中心都會保留部分「一分熟」的區塊，漸層式的熟度可以同時達成易咀嚼，多汁的效果。

4. 煎牛排的時候，在 45 分鐘至一天前，調味灑鹽，再回冷藏靜置，鹽進入到肉中心後，會大幅增強保水度，就算遇到高溫，肉汁也不容易蒸發。所有的肉類都是如此，如烤雞，我們常常會在一些簡餐吃到西式的烤雞，雞胸的部份都會比我們的土窯雞或是鹹水雞來的乾柴許多，其中一部分的理由就是因為土窯或是鹹水雞都會先用鹽處理數小時至一日，而簡餐的烤雞大部分都是烤的時候做調味，鹽還沒有滲透進去，僅有調味的功能，卻不能保住肉汁。

5. 肉的油脂不要完全修除，紅肉的風味主要來自於油脂，而不是紅肉本身。

6. 煎牛排前不須要四面燙熟保住水份，因為四面燙熟並不會防止肉汁流出，是沒有意義的步驟，肉汁會流出是因為熱產生的壓力將水份擠出的。 在煎牛排時油塊的部分可以先立著煎，讓油塊產生大量的香氣。

7. 牛排下鍋時大火，每次入鍋不要超過四分鐘，肉品本身的風
　 味在高溫時會產生的梅納反應，這就是我們說的「煎恰恰」
　 的香氣，而牛排最好的風味是在深褐色的時候產生，甚至在
　 油花上帶一點黑色的焦香，多層次的風味是牛排的精髓。

8. 煎牛排可以放油，油只是溫度的介質，牛排本身不會吸油，
　 不用擔心會更肥，如果牛排可以吸油，牛排的油花在分切過
　 後都會慢慢融化在肉體裡面不是嗎？所以完全不用擔心這個
　 問題喔。

我的祕密食譜
異國風味：
創意與美味的結合

EXOTIC
FLAVOR

與食物共舞

因為一塊牛排而激發了我的「料理魂」，憑藉著
對料理的熱情與好奇，勤於嘗試各種不同料理的
碰撞，在不失食物原味的情況下，碰撞出新的火
花。這個章節的食譜，都是我接觸料理以來的精
華，希望大家在享受美味的同時，也能感受到食
物的原味。

酪梨鮪魚沙拉

傳統西式沙拉醬的熱量其實非常高，這道沙拉除了熱量低之外，口感也很清爽。芥末的香氣結合鮪魚的風味，本來就是我們很熟悉且喜歡的，加上一些酪梨，就有輕食完整一餐的感覺。在重口味的套餐裡面放入一道這樣的沙拉，也很有畫龍點睛的效果。

自家製柑醋醬油

日本醬油 … 4 大匙
檸檬汁 … 1 1/4 大匙
柳橙汁 … 2 1/2 大匙
味醂 … 1 1/4 大匙
昆布 … 約 5 公分正方形兩
　　　　片（選擇性）
芥末醬 … 擠出約 5 公分

1 除了芥末醬之外的食材全部混和均勻放小鍋裡，小火煮到稍微冒泡，馬上關火，冷卻備用。
2 冷卻後加入芥末醬攪勻，備用。

🍴 主食材

酪梨 … 1/2 顆 切丁
鮪魚赤身生魚片 … 60g
美生菜 … 70g 切 4 公分長
　　　　的細絲

📋 步驟

1 將鮪魚生魚片切成一口大小的片狀，備用。
2 將美生菜鋪在盤底，再放上酪梨與鮪魚擺好，淋上醬汁，完成。

胡麻豆腐沙拉

日本料理餐廳裡很常見的一道冷前菜，多半都是以白胡麻醬為主，為了讓香氣更濃郁，我加了黑芝麻糊，可以讓風味層次有更多變化。

特製胡麻醬

日本胡麻醬 ⋯ 1/4 杯
原味黑芝麻糊 ⋯ 1 大匙
小辣椒 ⋯ 1/4 根 切碎
Tabasco 是拉差辣醬
　　　 ⋯ 1 大匙

1 將所有食材混合均勻，成為醬汁，備用。

🍴 主食材

豆皮 ⋯ 四片
嫩豆腐 ⋯ 1/3 盒
　　　　切 1 公分厚片
海帶芽 ⋯ 10g

📋 步驟

1 將豆皮跟豆腐用間隔的方式擺盤。

2 海帶芽放入熱水中浸泡，待蜷縮的海帶芽完全舒展開之後，撈起瀝乾水份，備用。。

3 淋上特製胡麻醬，即可

檸檬霜海鮮沙拉

由於我不敢吃酸豆或是酸瓜，所以一直都不敢吃凱薩以及千島醬，而這個充滿檸檬香的糖霜做成的沙拉醬，是給不敢吃帶酸豆、酸黃瓜的朋友很棒的選擇。

檸檬糖霜

雞蛋 … 2 顆
糖 … 1 杯
檸檬汁 … 1 杯
奶油 … 1 大匙

1 將全部食材放入鋼盆攪拌均勻後，一邊隔水加熱，一邊用打蛋器不停地攪拌，直到變成非常濃稠的狀態（由於鋼盆會變得非常燙手，所以要用毛巾或是隔熱手套扶住鋼盆）

2 冷卻備用。

海鮮沙拉

美生菜、蘿蔓等沙拉葉 … 100g
花枝 … 50g
白蝦 … 6 隻
純橄欖油 … 1 大匙
鹽 … 少許
現磨黑胡椒 … 適量
初榨橄欖油 … 2 小匙

1 花枝切圈，白蝦去頭去殼備用。

2 將花枝跟白蝦用大火熱油煎到單面有點焦色後翻面，關火備用。

3 將沙拉葉擺盤，加入白蝦跟花枝，淋上檸檬糖霜。

4 灑上一點鹽、胡椒，淋上初榨橄欖油，即可。

剝皮辣椒鹹蛋黃義大利麵

這道滋味豐富的創意義大利麵,是我在「路易奇洗衣公司」餐廳的招牌餐點,將我最喜歡的元素:剝皮辣椒、鹹蛋黃結合在一起。這道菜的細節在於將蝦的風味結合在醬汁裡,所以更能吸附在麵條上。醬汁用傳統製作龍蝦湯的方式萃取出蝦汁的精華,強烈的鮮味與中式的蒜辣醬油混和,是一道很有台灣味的義式料理。

義大利麵前置

義大利麵 圓麵 … 100g
鹽 … 1/3 小匙

1 準備一口深鍋,加入適量水煮開,水中放 2 小匙鹽,再加入義大利麵去煮。

2 依照麵包裝上建議烹調時間減少一分鐘,會呈現彈牙的口感,增加一分鐘,煮起來會比較軟。煮好後,用濾網勺撈起,沖冷水冷卻。

3 沖涼的麵條用濾網勺濾乾後,可放在盤子上備用、或是加入一小匙橄欖油搖晃均勻,再放入封口袋內,放入冷藏備用,最多放兩天。

🍴 主食材

鹹蛋黃 … 2 顆
義大利麵 … 200g
鹽 … 1/3 小匙
糖 … 1/4 小匙
胡椒 … 1/8 小匙
剝皮辣椒 … 4 根 切段
剝皮辣椒汁 … 60ml
蒜瓣 … 1 大匙 壓成蒜泥
蝦 … 6 隻 去殼去頭
蝦殼蝦頭 … 6 隻
米糠油 / 純橄欖油 … 2 小匙
細蔥花 … 一大匙（選擇性）
小辣椒 … 1/4 根（選擇性）

📑 步驟

1 將鹹蛋黃放在鋁箔紙上，放入烤箱用 160 度烤
8 分鐘，冷卻後切碎，備用。。

2 將蝦殼及蝦頭用橄欖油最小火慢慢煎 15 分鐘，
讓精華釋放出來。

3 用筷子或是夾子用力將蝦頭裡的蝦膏擠出，撈
起並將汁滴回鍋內。（如左圖）

4 加入剝皮辣椒、蒜泥，再用小火慢慢煎 3 分鐘。

5 加入蝦肉再煎兩分鐘。

6 加入所有調味料以及剝皮辣椒汁，調成中火煮
到冒泡。

7 加入熟的義大利麵，炒到熱，拿起蝦身備用。，
麵盛盤。

8 在義大利麵上鋪上蝦，撒上大量鹹蛋黃、蔥花，
擺好盤即可上桌。

元祖戰斧豬排

這是我創業以來最成功的一道料理，傳統的美式乾式醃料醃製的肋排，讓它慢慢熟成。熟成完的肋排在多次加熱過程中，持續的讓豬排建立起焦脆的表面，濃厚的大火香氣，中心剛剛好的熟度，並保持大量肉汁與柔軟度，不吃牛的朋友也可以好好享受的直火肉類料理。

自家製肯瓊香料粉

鹽 … 1/4 小匙
黑胡椒 … 1/4 小匙
糖 … 1/4 小匙
匈牙利紅椒粉 … 1/4 小匙
蒜泥 … 1/4 小匙

🍴 主食材

戰斧豬排 … 一根（約 390 ～ 480g）
米糠油 / 純橄欖油 … 適量

📅 步驟

1 如果是冷凍的戰斧豬排，請放到冷藏內退冰至少 12 小時。

2 將冷藏的戰斧豬排均勻的塗抹上香料後，放回冰箱靜置至少 16 小時，但醃製時間最多兩天。

3 用鍋子加熱食用油到冒煙程度，將戰斧豬排放入鍋中，兩面各煎 3 分鐘，放到一旁靜置 6 分鐘，記得要把起鍋前在鍋底加熱的那一面朝上放靜。

4 開小火再次熱鍋，油稍微熱之後，把靜置完成的戰斧豬排兩面再各煎兩分鐘後，取出靜置 6 分鐘，這個過程共重複 5 次。

5 完成所有程序後，即可擺盤。

TIPS 　肉類主餐建議使用無塗層的鑄鐵鍋，如果是新手，強烈建議不要使用不銹鋼鍋，非常難處理。

脆皮五花肉佐莓果醬汁

以韓式燒烤的五花肉為基礎，豐富甜香果醋的醬汁去腥，爽口度極高，醬汁跟肉做好可以放在冰箱保存，隨吃隨取。

🍴 主食材

鹽 … 1/4 小匙
豬五花肉 … 150g（切成約 2 公分厚片）
鹽 … 1/8 小匙
黑胡椒粉 … 1/8 小匙
純橄欖油 / 米糠油 … 2 小匙

📋 步驟

1 豬五花肉用鹽均勻塗抹後，冷藏 30 分鐘，備用。

2 用鑄鐵鍋熱油，放入醃好的豬五花肉，中小火煎 6 分鐘，直到表面金黃，翻面，煎到金黃關火，取出靜置 6 分鐘。

3 切成條狀，即可擺盤食用，直接吃或是跟醬汁一起沾用都可以。

巴薩米克特調醬汁

巴薩米克醋 … 100ml
紅蔥頭 … 2 瓣 切碎
初榨橄欖油 … 1 小匙
葡萄乾 … 7 顆 切碎
蘋果汁 … 50ml
鹽 … 1/8 小匙

1　用小鍋子熱油小火煎香紅蔥頭，約 7 分鐘。

2　紅蔥頭煎香後，加入剩餘所有食材，轉中火攪拌煮到冒泡，轉小火。

3　濃縮到湯汁呈現淡糖漿狀，可以從鐵湯匙慢慢滑落的程度，即可放入醬碗或是裝瓶冷藏備用。

煎脆皮鴨胸佐濃縮蘋果醬

煎鴨胸的重點在於皮的風味跟肉質的柔軟度,將鴨胸先以鹽糖鎖住水分,煎的時候皮層更容易焦脆,肉質的保水度也會更好。

🍴 主食材

鴨胸 … 一片 在上面刻上菱
　　　　格紋
鹽 … 1/8 小匙
糖 … 1/8 小匙
純橄欖油 / 米糠油 … 2 大匙

📋 步驟

1　將鴨胸用鹽、糖均勻塗抹,放入冰箱冷藏靜置
　　1 小時以上,最多 2 天(超過 4 小時則需要包
　　上保鮮膜)。

2　用平底鍋熱油,將鴨胸皮面朝下,中小火煎 6
　　分鐘,不時翻起查看皮上色的狀況,如果煎 3～
　　4 分鐘時,邊邊就出現有點黑焦色,則把火力
　　調小一點。

3　煎得差不多時,再翻面再煎 2 分鐘,即可拿
　　起放到盤子上,把鴨肉用一個大碗蓋住,靜置
　　10 分鐘。

4　油倒掉,鍋子不必洗,留著備用。

巴薩米克濃縮蘋果醋

巴薩米克陳年醋 … 1/4 杯
蘋果汁 … 1/4 杯
蜂蜜 … 1 大匙

1 將巴薩米克醋、蘋果汁、蜂蜜一起加入煎鴨胸的鍋內，中火煮到冒泡後，轉中小火。

2 用木鏟不停地攪拌，直到醬汁慢慢開始變的有點濃稠後，轉小火。（如右圖）

3 把靜置好的鴨胸皮面朝下放回醬汁裡，收到醬汁變得濃稠如巧克醬時，約 2 分鐘，翻面再泡 2 分鐘，拿起鴨胸，醬汁用醬汁碗盛裝，備用。

4 鴨胸切片後，擺盤，醬汁碗放一旁，要食用的時候再淋上去，即可。

柚子胡椒炙燒生牛肉

Santa Monica 當地一家我很喜歡的日本料理叫做 Yabu，那是我第一次吃到炙燒的日式生牛肉，用日本椪醋的酸度搭配上洋蔥的甜味，加上帶有一點刺激口感的柚子胡椒，非常清爽開胃。

自家製椪醋醬油

巴薩米克陳年醋 … 1/4 杯
日本醬油 … 2 大匙
檸檬汁 … 2 小匙
柳橙汁 … 1 1/4 大匙
味醂 … 2 小匙
白醋 … 1 大匙
昆布 … 約 5 公分正方形兩
　　　片（選擇性）

1 所有食材全部放在小鍋中混和，小火煮到稍微冒泡，馬上關火。

2 這個醬汁也可以搭配火鍋、沾著海鮮類食材一起享用，煮好後可以裝入空瓶內，放冷藏最多保存七天。

🍴 主食材

無筋的牛排 …100g
（肋眼心、菲力、黃瓜條、
臀肉、肩胛小菲力……等部
位均可）
柚子胡椒 …5g
洋蔥 …1/4 顆

📋 步驟

1　洋蔥切絲，加入飲用水，浸泡冷藏 30 分鐘，
　　備用。

2　將牛排撒上鹽、胡椒，靜置入味，約 30 分鐘。

3　鑄鐵鍋熱油，將牛排四面煎到上色，取出靜置
　　六分鐘後，放回鍋內，四面再各煎 1 分鐘，再
　　取出靜置五分鐘。（如右圖）

4　將牛排切成大約 0.1 公分的薄片，備用。

5　浸泡好的洋蔥瀝乾水份，鋪在盤子底，加上薄
　　片牛排，淋上醬汁，再放一匙柚子胡椒到盤子
　　邊緣，擺盤完成。

脆皮香蒜馬鈴薯

這是一道素材簡單，但是相當美味的一道料理，重點在於煎到表面金黃酥脆的馬鈴薯，以及中間入口即化的口感，如果不介意雞粉的人可以在煎的時候加入一小匙的雞粉提味，風味極佳。

🍴 主食材

無筋的牛排 …100g
進口馬鈴薯 …一顆
蒜瓣 …3 顆 壓成泥
鹽 …1/4 小匙
糖 …1/8 小匙
純橄欖油 / 米糠油 …3 大匙
起司塊 …少許

🍳 步驟

1 馬鈴薯去皮切兩公分厚片（一定要用進口馬鈴薯，不然口感會偏硬）

2 用不沾鍋熱油，加入馬鈴薯，撒上鹽、糖調味，小火煎到表面金黃至深褐色（約 12～15 分鐘）。

3 馬鈴薯翻面，再煎到金黃深褐，約 8～10 分鐘。

4 加入蒜泥，再翻炒一分鐘，即可取出擺盤，刨上起司絲，即可。

菲力牛排佐威士忌胡椒醬

傳統的法式牛排醬汁，帶有豐富的威士忌香氣，那是一種層次豐富口感濃郁的成人味，搭配上較瘦的菲力牛排，是非常完美的菜色。這個醬汁也可以搭上肋眼，以及其他食材如煎蘆筍、大蝦…等

威士忌胡椒醬

有鹽奶油 … 60g
黑胡椒粉 … 一大匙
紅蔥頭 … 兩瓣 切碎
威士忌 … 60cc
鮮奶油 … 80cc

1 用鍋子熱奶油後，加入紅蔥頭，小火煎到奶油上色（約 7 ～ 10 分鐘）

2 加入所有調味料，煮到稍微冒泡後關火，備用。

🍴 主食材

菲力牛排 … 150g （約兩公分厚）
米糠油 / 純橄欖油 … 2 大匙

🍳 步驟

1 用鑄鐵鍋大火把油加熱後放入牛排，兩面各煎三分鐘，取出靜置在案板上 6 分鐘，備用。

2 改成中火，油熱後加入牛排，兩面各煎兩分鐘，靜置 5 分，備用。這個步驟重覆兩次後，大約五分熟；如果喜歡更熟可以再重複一次到七分熟，擺盤完成。

3 牛排最後一次靜置的同時，把醬汁重新加熱，裝入小醬碗內，待牛排擺盤完成，即可一起享用。

鯷魚奶油烤午仔魚

午仔魚肉質細膩，油脂跟風味都相當好，台灣的午仔魚一年可以出口近一萬噸。在香港，從台灣進口的午仔魚是很高級的魚肉，由於肉質好的關係，隨便烤熟都相當好吃，這邊搭配上台灣非常少見、來自義大利皮埃蒙特的傳統醬汁「熱鯷魚奶油醬」，在自家就可以享受從產地到餐桌的異國風情。

主食材

午仔魚 … 一隻（約 200g）
鹽 … 1/8 + 1/8 小匙
糖 … 1/8 小匙
初榨 / 純橄欖油 … 1 小匙

步驟

1 將午仔魚洗過後，抹上 1/8 小匙的鹽，用鹽搓洗，再沖水洗淨，用廚房紙巾徹底擦乾水份。

2 將魚身均勻的抹上橄欖油之後，再抹上 1/8 小匙的鹽與糖，放入冰箱冷藏至少半小時，備用。

3 取一張鋁箔紙，刷上一層橄欖油，把魚放鋁箔紙上，放入烤箱中，以 180 度 C 烤 20 分鐘，烤到魚皮呈金黃色，翻面再烤 15 分鐘。

4 翻面烤魚的同時，準備醬汁。

自家製椪醋醬油

蒜瓣 … 6 顆 壓成泥
奶油 … 80g
鯷魚罐頭 … 3 片

1 將全部食材加入鍋中加熱到微微冒泡。

2 烤好的魚取出，將醬汁淋在魚上，或是裝入醬盅，要吃的時候再搭配著享用。

骰子牛排台式燉飯

小時候，爸媽會帶我去吃當時最有名的帶骨牛小排，再將帶回的骨頭跟剩下的牛肉煮成粥，厚重的牛肉風味完全融入飯中，相當美味，於是，後來有了把牛排做成台式燉飯的靈感。

牛排醃料

牛肋條 … 150g 冷藏狀態
米酒 … 50ml
醬油 … 85ml
蒜瓣 … 7 顆 拍扁
黑胡椒粉 … 1 又 1/2 小匙
糖 … 1 大匙
辣椒 … 1/4 根 切碎
白胡椒粉 … 1/2 小匙

1 把所有調味料、香料混合均勻，成為醃料，再將牛肋條放入醃料中，醃漬至少 1 天。

2 將牛肋條包上鋁箔紙放入烤箱， 以 140 度 C 烤約 2 小時，然後打開鋁箔紙，調高烤箱溫度，以 180 度 C 烤 20 分到表面焦褐後，取出。

3 把牛肋條切成骰子狀，備用。

燉飯

飯 … 1 杯
水 … 1 又 3/4 杯

1 將處理好的骰子牛排加入白飯中，放入傳統電鍋裡，外鍋放一杯水，待電源彈起後，外鍋再放一杯水煮一次，即可取出擺盤。

濃蒜奶油雞肉義大利寬扁麵

在我洛杉磯的家旁邊有一個美式的披薩店叫做 CPK，他們的香蒜雞肉寬扁麵風味濃厚，跟一般簡餐完全不同，在美國的時期幾乎每周都會去吃一兩次。這道義大利麵的重點在於：煸香的蒜瓣所產生的風味，結合奶油的香氣，產生出大量堅果般的風味，搭配雞肉非常對味。

主食材

帶皮去骨雞腿肉 ⋯ 一片 切丁
鹽 ⋯ 1/4 小匙
現磨黑胡椒 ⋯ 適量
橄欖油 ⋯ 60ml
煮好的義大利寬扁麵 ⋯ 300 公克

濃蒜奶油

奶油 ⋯ 30 公克
洋蔥 ⋯ 1/4 顆 切碎
蒜瓣 ⋯ 4 顆 壓成蒜泥
蒜瓣 ⋯ 6 個 去皮
帕米森起司粉 ⋯ 90g
鮮奶油 ⋯ 180ml
水 ⋯ 120ml

步驟

1 將雞腿排用鹽跟胡椒抓醃一下，靜置入味至少 30 分鐘。

2 用一個平底鍋，加入橄欖油加熱，中小火將雞排帶皮面煎到上色（約 4 ～ 6 分鐘），取出備用。（如右圖）

3 煎雞肉的平底鍋加入去皮的蒜瓣，小小火慢慢煎到蒜瓣變成金黃色，約 15 分鐘，中間要不停地觀察蒜瓣，如果有一點點的黑色火力就要調到更小，加入奶油、蒜泥、洋蔥一起煮，然後把雞腿排放在奶油裡，煮到上色（約四分鐘）

4 加入鮮奶油、水，調成中火，煮直到醬汁沸騰。

5 加入已經煮熟的義大利麵、起司粉，煮至醬汁再次沸騰後盛盤即可。

美乃滋酸甜辣蝦

在 Santa Monica 的一家日式小居酒屋 musha，這道菜是我最喜歡的菜色，做法非常簡單，吃起來就像是日式的鳳梨蝦球，甜鹹交織的風味相當迷人，搭配上各種炸海鮮都非常合適。

🍴 主食材

日本美奶滋 … 3 大匙
（強烈建議 Q 比嬰兒牌）
蜂蜜 … 1 大匙
牛奶 … 1 大匙
番茄醬 … 1 大匙
胡椒粒 … 整顆
辣椒 … 1/4 小匙切碎（選擇性）
草蝦 … 7 隻
純橄欖油 / 米糠油

🍳 步驟

1 將美奶滋、蜂蜜、牛奶、番茄醬、辣椒一起攪拌均勻成為辣醬，備用。

2 蝦子去殼，將蝦肉用少許油煎至變色熟透，擺盤，淋上醬汁即可。

TIPS　草蝦取下來的蝦殼可以將殼放入袋子冷凍備用。給蝦濃湯，或是其他食譜使用

韓式辣味雞翅

韓式的辣雞翅一直是我最喜歡的雞翅作法，做法簡單而且風味十足，不論是正餐或是消夜，甚至懶的時候就做這一道菜，都會帶給我滿滿的滿足感。

韓式烤雞醬

🍴 主食材

日本美奶滋 … 3 大匙（強
烈韓國辣椒醬 … 45ml
番茄醬 … 45ml
蜂蜜 … 10ml
糖 … 10ml
味霖 … 25ml
辣椒粉 … 7.5ml
蒜瓣 … 12 辦
Tabasco 是拉差 … 90ml

📅 步驟

1 將蒜瓣壓成泥，備用。
2 將所有素材混和均勻，備用。
   （可預先製作，冷藏可保存七天）

🍴 主食材

二節雞翅 … 150g
鹽 … 1/8 小匙
橄欖油 … 2 大匙
白芝麻 … 少許

📅 步驟

1 將二節雞翅從軟骨的地方切開，均勻裹上鹽，
   冷藏 30 分鐘，備用。
2 取出醃好的雞翅，用紙巾將表面徹底擦乾。
3 用不沾鍋熱油，小火煎雞翅，直到金黃色後，
   翻面也煎到上色。
4 將雞翅拿起備用。煎雞翅的油倒掉，不用洗鍋。
5 原鍋加入醬汁，用木鏟小火攪拌，煮到醬汁稍
   微濃稠冒泡，加入雞翅翻炒約 3 分鐘，取出灑
   上熟白芝麻擺盤即可。

路易西安納香辣海鮮桶

• 兩人份

在洛杉磯的韓國城裏面有一家很有名的香辣海鮮桶餐廳,每次都要排隊一小時以上,一群朋友一起吃大口吃香辣噴的海鮮爽快感十足。

路易西安納辣醬

小辣椒 … 2 根 切碎

奶油 … 254g

檸檬 … 1/4 顆

匈牙利紅椒粉 … 1/2 大匙

蒜瓣 … 8 瓣

鹽 … 1/4 小匙

黑胡椒 … 1/4 小匙

糖 … 1/2 小匙

Tabasco 紅椒汁 … 1 瓶（小）

1 奶油用小火煮至變成焦褐色。

2 加入蒜泥、檸檬、切碎的小辣椒、鹽、糖、黑胡椒及 Tabasco 紅椒汁,煮沸之後成為醬汁,備用。

🍴 主食材

白蝦 … 200g
中蛤 … 100g
水果玉米 … 1 根

📋 步驟

1 白蝦去殼、中蛤泡水吐沙，洗淨備用。水果玉米切成 3 ～ 4 小段，備用。

2 把煮好的路易西安納辣醬重新煮滾，加入玉米、白蝦和中蛤，煮到蛤蜊殼全部打開，即可整鍋上桌食用。

炸彈焗烤扇貝

這是一道菜在 Santa Monica 隨處可見的日美混和菜色，同時帶有酸、甜、鹹，以及豐富的奶香，也非常適合用來做焗烤龍蝦，或是焗烤海鮮。

炸彈焗烤醬

美式大賣場的美式美奶滋 …
3/4 杯
糖 … 1 大匙
Tabasco 是拉差醬 … 1 大匙
檸檬汁 … 1/2 顆
白醋 … 1 小匙

1 將所有食材混和均勻，冷藏備用。

🍴 主食材

扇貝 … 4 顆

🗓 步驟

1 將扇貝流水解凍退冰，鋪上廚房紙巾擦乾，再用新的廚房紙巾包覆，直到水份完全被吸收乾。

2 將炸彈焗烤醬塗在扇貝上，放鋪了鋁箔紙的烤盤上，放進烤箱用 220 度 C 烤 5 ～ 7 分鐘，直到醬料顏色變成金黃深褐色，即可取出盛盤。

奶油味增香蒜透抽

這是一道素材相當簡單的菜色，但是用味增熟成的透抽具有非常獨特的脆軟口感，濃厚的蒜味與奶油融和是一道非常下酒，製作時間也非常快速的美味料理。

主食材

透抽 … 150g
味增 … 1 小匙
蒜泥 … 2 小匙
奶油 … 2 大匙

步驟

1 將透抽用斜切的方式切成薄片，加入味增以及蒜泥攪拌均勻，放入冰箱至少 12 小時。
（最多可放 2 天）

2 熱鍋，加入奶油，放入透抽煎到一面有點焦焦的，翻到另一面再煎 30 秒～ 1 分鐘，即可盛盤。

香辣水牛城辣雞翅

水牛城辣雞翅是美國很具代表性的雞翅吃法，香辣中帶著雞肉的香甜，做法非常簡單，一學就會。

水牛城辣醬 兩人份

是拉差辣椒醬 … 1/4 杯
Tabasco 辣椒汁 … 1/2 杯

1 將所有調味料攪拌均勻，即成為醬汁。

🍴 主食材

是拉差辣椒醬 ⋯ 1/4 杯
Tabasco 辣椒汁 ⋯ 1/2 杯

步驟

1 將二節雞翅從軟骨的地方切開，徹底擦乾水份，冷藏 30 分鐘，備用。

2 用不沾鍋熱油，放入雞翅小火煎至一面呈金黃色後，翻面也煎到上色。

3 將雞翅拿起備用。鍋裡煎雞翅的油倒掉，不用洗鍋。

4 加入醬汁用木鏟攪拌，小火煮到醬汁冒煙變稠，加入雞翅翻炒約三分鐘，即可擺盤。

牛排館的濃郁奶油菠菜

• 兩人份

這個是不加麵粉的超濃郁配方，不會有麵粉糊的不自然感，自然的奶香跟菠菜完美的結合，是牛排最好的配菜之一。

主食材

洋蔥 … 1/4 顆
純橄欖油 … 1 小匙
鮮奶油 … 1/2 杯
菠菜 … 100g
蒜瓣 … 3 顆
鹽 … 1/4 小匙
糖 … 1/4 小匙
黑胡椒粉 … 1/8 小匙

步驟

1　菠菜洗淨，去除根部，備用。洋蔥切絲，備用。

2　鍋裡放油，將洋蔥絲用大火不停拌炒到有點焦色。

3　倒入鮮奶油用大火攪拌煮，到略為沸騰後馬上轉小火，不時攪拌，煮 15 ～ 20 分鐘，待醬汁變濃稠，熄火備用。

4　將菠菜用滾水汆燙一分鐘，用濾網撈起後，擠乾水份。

5　將擠乾水份的菠菜，切成小段，備用。

6　在洋蔥奶油醬中加入菠菜段，小火煮到略為沸騰，即可起鍋擺盤。

馬沙拉香料燉雞

• 兩人份

我跟我老婆都很喜歡吃印度咖哩，番茄的酸度跟咖哩的鹹香風味非常迷人，用去皮雞腿肉製作這道馬沙拉香料燉雞，不僅方便食用，口感也極佳。

馬沙拉香料醃雞肉

是拉差辣椒醬 … 1/4 杯
去骨去皮雞腿肉 … 220g
原味無糖優格 … 3 大匙
大蒜瓣 … 2 瓣
薑泥 … 1/2 大匙
綜合馬沙拉香料 … 1 小匙
薑黃粉 … 1/2 小匙
鹽 … 1/4 小匙
純橄欖油 / 米糠油 … 2 大匙

1 將雞肉切大塊，用無糖優格、大蒜泥、馬沙拉香料、薑黃粉、鹽攪拌而成的醬汁醃漬，放入冰箱冷藏至少 1 小時，備用。

2 用不沾鍋熱油，放入雞腿肉，用中小火煎到一面呈焦黃色，大約 3 分鐘，翻面將另一面煎至焦黃，拿起雞肉備用。

香料燉雞醬汁

奶油 … 2 大匙
洋蔥 … 1/2 顆 切丁
蒜瓣 … 2 瓣 壓成泥
綜合馬沙拉香料 … 1/2 大匙
芫荽籽（胡荽籽）… 1/2 小匙
牛番茄 … 1 顆
小辣椒 … 1/4 根 切碎
鹽 … 1/4 小匙
鮮奶油 … 2/3 杯
糖 … 1/4 小匙
葫蘆巴葉 … 1/4 小匙
水 … 3 大匙

1 洋蔥切小丁、牛番茄切丁，蒜頭去皮壓成泥，備用。

2 將奶油放入煎雞肉的鍋中加熱，加入洋蔥中火炒 6 ～ 8 分鐘，開始有點焦色，不斷翻炒，確定鍋底沒有黏鍋。

3 轉小火，加入蒜泥再炒 1 分鐘，再加入馬沙拉香料、芫荽籽等香料粉炒 30 秒。

4 加入牛番茄、辣椒，小火再炒 10 分鐘，用木鏟壓牛番茄，把番茄榨出汁。

5 加入水，然後全部倒入果汁機內，打成均勻泥狀。

6 將打均勻的湯汁到回鍋內，加入鮮奶油跟雞肉一起小火煮 8 ～ 10 分，沸騰後即可盛盤。

法式芥末奶油大蝦干貝

這道菜的做法其實有點像是中式的鳳梨蝦球，只是做法更能保留大蝦、干貝的原味，以香煎的方式處理後，搭配法式奶油芥末醬，就能讓大蝦和干貝吃起來有著更豐富的滋味。這個奶油芥末醬做好還能搭配許多其他香煎的海鮮。

🍴 主食材

洋蔥 … 1/4 顆
干貝 … 四顆
明蝦 … 兩隻
純橄欖油 / 米糠油 … 4 大匙

步驟

1 準備兩張廚房紙巾，折成正方形後再對折。

2 不沾鍋中火熱鍋，放入干貝，用筷子夾著廚房紙巾擦乾干貝在煎的時候釋出的水份。

3 加入油，把干貝放在油上不動，直到底部煎成金黃色，約 3 ～ 4 分鐘，再翻另一面煎 10 秒即可拿起，備用。

4 加入大蝦，兩面煎到上色，撈起備用。把油倒掉，鍋子不要洗。

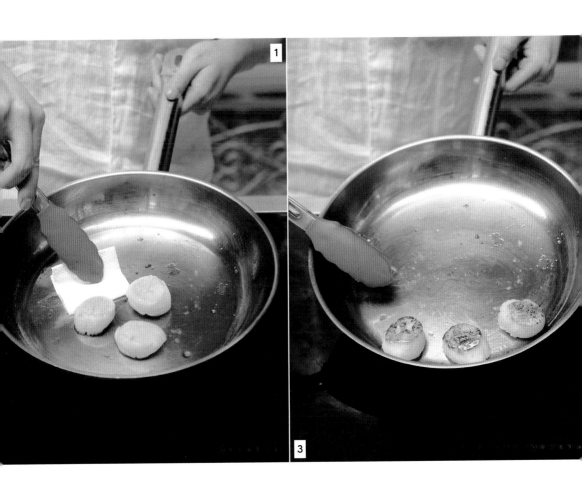

法式奶油芥末醬

奶油 … 1 大匙
紅蔥頭 … 兩瓣
蒜瓣 … 3 瓣切碎
白酒 … 1/2 杯
法式芥末醬 … 1 大匙
水 … 5 大匙
鹽 … 1/8 小匙
百里香葉 … 1/2 小匙
迷迭香葉 … 1/2 小匙
鮮奶油 … 1/4 杯

1 紅蔥頭、蒜瓣切碎。放入煎干貝用的鍋子,加入奶油小火炒香紅蔥頭、大蒜,約 4 分鐘。

2 加入白酒,轉中火煮至微沸騰後,馬上轉小火慢煮 4 分鐘。

3 加入法式芥末醬、百里香葉、迷迭香葉、水、鮮奶油,小火攪拌繼續煮到沸騰冒泡後,再煮 5 分鐘。（如右圖）

4 加入大蝦跟干貝煮一分鐘後,即可取出擺盤。

帕馬森起司烤大蘆筍

鮮嫩多汁的大蘆筍很適合燒烤，這種吃法常見於許多義式餐廳，但一份要價都不便宜，其實在家製作相當簡單，輕鬆就能享用一份主廚級別的美味。

🍴 主食材

粗蘆筍 … 100g
初榨橄欖油 … 2 大匙
帕馬森起司粉 … 1 大匙
鮮奶油 … 60ml
鹽 … 1/8 小匙
黑胡椒粉 … 1/8 小匙

步驟

1 蘆筍去除表面硬皮，備用。烤箱預熱至 220 度 C。

2 將蘆筍均勻地裹上橄欖油，鋪在包好鋁箔紙的烤盤上，用鹽、胡椒調味後，放入烤箱烤 14 分鐘，拿出擺盤。

3 將鮮奶油跟起司粉加熱融化後，淋在蘆筍上，即可。

香煎花椰起司培根

• 兩人份

培根的香氣,能讓原本平淡無味的花椰菜擁有豐富的鹹香味,再加上炒香的洋蔥與奶香十足的起司,形成讓人一口接一口,愈吃愈順口的好滋味。

主食材

培根 … 一片
花椰菜 … 100g
奶油 … 4 大匙
洋蔥 … 1/4 顆
蒜瓣 … 2 瓣
鮮奶油 … 1/3 杯
白起司片 … 3 片
黃起司片 … 2 片

步驟

1 將培根切成 6 等份,用小火煎香,油脂慢慢釋出,約 6 分鐘。

2 將洋蔥切絲,花椰菜剝成 3 公分小朵,加入鍋內,用中火炒到花椰菜有點上色,洋蔥變得透明,約 4 分鐘。

3 加入鮮奶油、蒜泥,小火煮到冒泡後,繼續攪拌煮 3 分鐘。

4 起司片分別切成四小片後,加入鍋中,即可關火,攪拌到融化牽絲,擺盤完成。

經典辣酪梨雞肉三明治

• 兩人份

Santa Monica 往返我工作跟住家的 Wilshire 大道上,有一家很低調的三明治店,菜單僅有一種湯跟一種三明治,第一次吃到的時候非常驚訝,單純的素材就有著非常棒的風味,用心的料理不論在什麼地方都可以帶給人感動,微辣刺激的口感跟雞肉非常搭配,也很符合當地日美混和的料理風味。

醬汁

Tabasco 是拉差 … 1.5 大匙
Tabasco 紅椒汁 … 1 大匙
香甜沙拉醬 … 80ml

1 將所有素材混合均勻,成為醬汁,備用。

🍴 主食材

雞胸肉 … 一片
鹽 … 1 小匙
吐司 … 4 片
酪梨 … 1/6 顆
奶油 … 1 小匙
瑞可達乳酪 … 2 片
黑胡椒粉 … 適量

📋 步驟

1 將雞胸肉抹上鹽,冷藏醃漬 30 分鐘,備用。
酪梨切片,備用。

2 用小鍋子將水煮開,加入雞胸肉後蓋上鍋蓋,煮 3 分鐘後關火,靜置 10 分鐘。

3 將雞胸肉撈起,切成薄片,備用。

4 在吐司上抹上奶油,放入烤箱烤到約 3 分鐘,拿出抹上瑞可達乳酪。

5 將吐司鋪上雞胸肉、酪梨,撒上黑胡椒粉,淋上醬汁,擺盤完成。

俄羅斯酸奶燉牛肉

燉牛肉是很適合作為家庭常備菜的料理，燉好後即使隔餐吃都好吃。這種做法是加了優格去燉煮，優格能幫助軟化牛肉，也能增加風味，搭配義大利麵或麵包都很適合。

🍴 主食材

牛肋條 … 150g

步驟

1 將牛肋條放入 220 度 C 的烤箱，烤 10 分鐘，到金黃褐色即可取出。

2 切成骰子狀，備用。

酸奶燉牛肉底

奶油 … 1 1/2 大匙
純橄欖油 / 米糠油 … 2 大匙
洋蔥 … 半顆
蒜瓣 … 2 顆
蘑菇 … 150g
白酒 … 1/4 杯
麵粉 … 1/2 大匙
水 … 1 杯
鹽 … 1 小匙
原味優格 … 1 杯
烏斯特醬油 … 1/2 大匙
匈牙利紅椒粉 … 1/2 小匙

1 洋蔥切絲、蒜瓣去皮壓泥、洋菇切片，備用。

2 用奶油熱鍋，放入洋蔥用中火炒，直到洋蔥開始有焦色。

3 加蘑菇片，繼續炒 6 分鐘，直到蘑菇開始變軟。

4 加入匈牙利紅椒粉、麵粉，繼續拌炒兩分鐘，注意要一直翻炒以免焦底。

5 加入除了酸奶之外的所有食材攪拌均勻，蓋上鍋蓋煮到沸騰後，轉小火燉 1 小時 40 分鐘。

6 倒入酸奶再煮 5 分鐘，關火，完成。

威士忌紅酒燉牛肉

將紅酒燉牛肉加入威士忌會增加更多成熟的大人味，做法裡加入茴香根的風味非常特殊，可以讓肉的風味更上一層樓。

主食材

低筋麵粉 … 1 大匙
培根 … 兩片 切小片
牛肋條 … 350g 切塊
橄欖油 … 2 大匙
洋蔥 … 半顆
紅蘿蔔 … 1 根
蒜仁 … 4 瓣
威士忌 … 1/4 杯
紅酒 … 1/4 杯
百里香 … 1/2 小匙
雞湯 … 1.5 杯
辣椒 … 1/2 顆
茴香根 … 半顆 切片
鹽 … 1/4 小匙

步驟

1 培根切小片、牛肋條切大塊、洋蔥切絲、紅蘿蔔切滾刀塊，備用。

2 培根入鍋煎到兩面上色，然後小火煎到變脆，撈起備用。

3 牛肋條加入橄欖油煎到深褐色後，撈起備用。

4 鍋子不洗，加入洋蔥中火炒到上色後，加入紅蘿蔔塊、大蒜、百里香、辣椒再炒 10 分鐘，轉小火。

5 加入麵粉，繼續炒 3 分鐘，直到麵粉跟油完全融合。

6 加入威士忌、雞湯、牛肉、培根，轉大火冒泡後，轉小火燉 3 小時，即可。

煎干貝佐紅蔥頭帕瑪森醬

洛杉磯有一家牛排館,是我最喜歡的。那裡有很多菜都讓我感到驚艷。其中,這道「煎干貝佐紅菌心頭帕瑪森醬」,就讓我吃了之後,馬上想要將它復刻出來。這道菜具有濃郁的起司風味,白酒跟檸檬汁的酸度又中和了油膩感,這樣的醬汁和海鮮類的食材十分對味,而這個醬底做成的燉飯,也是我數年前在 Office 牛排館的招牌菜色之一。

🍴 主食材

干貝 … 4 顆
法國麵包 … 兩片切斜長片
純橄欖油 / 米糠油 … 1 大匙
奶油 … 三大匙

📇 步驟

1 準備兩張廚房紙巾,折成正方形後再對折。

2 不沾鍋中火熱鍋,放入干貝,用筷子夾著廚房紙巾擦乾干貝釋出的水份。

3  加入油,干貝放在油上不動到金黃色,大約 3 ～ 4 分鐘,另一面煎 10 秒即可拿起備用。

4 將鍋底加入奶油,融化後,用法國麵包小火沾抹一下,取出麵包,備用。

紅蔥頭帕瑪森海鮮醬汁

奶油 … 四大匙
紅蔥頭 … 四瓣 壓成泥
蒜瓣 … 兩瓣 壓成泥
小番茄 … 100g 切碎
白酒 … 60ml
帕瑪森起司粉 … 4 大匙
現磨黑胡椒 … 轉大概六下
鹽 … 1/4 小匙
檸檬 … 1/2 顆 壓成汁
捲葉巴西利 … 1 小把

1 用平底鍋小火加熱奶油至溶化後，加入紅蔥頭跟大蒜泥，炒到奶油顏色有點變化成褐色，約 6 分鐘。

2 加入白酒，小火燒到酒精揮發，約 6 分鐘

3 加入番茄碎、起司粉、帕瑪森起司、黑胡椒、鹽、檸檬汁、捲葉巴西利入鍋煮。

4 以小火燒到沸騰冒泡後，關火，把干貝、麵包擺盤後，淋上醬汁，即可。

正統超濃龍蝦義大利麵

龍蝦義大利麵的醬汁做法有很多種，網路上的食譜大多是以茄汁或是奶醬作為基底，然後再加上龍蝦肉而已。

在這裡分享我珍藏的食譜，以大量甲殼熬煮的蝦高湯作為醬汁。

以傳統繁複手法做出的成品絕對超過你的想像，極度濃厚的蝦味深深融入在麵條裡，每一口都吃得到濃濃的龍蝦香氣，甚至讓人覺得上面的龍蝦肉只是陪襯而已。

🍽 主食材

寬扁麵 … 125g
龍蝦剖半 … 1 隻
白蝦頭蝦殼 … 1kg（約兩公斤的蝦）
水 … 1300ml
油 … 40ml
蒜泥 … 1 大匙
紅蔥頭碎 … 1 大匙
奶油 … 30g
小番茄 … 8 顆
金門高粱 … 些許

📅 步驟

1 將寬扁麵以滾水，適量鹽，煮 4 分鐘後，撈起備用。

2 將剖半的龍蝦用油煎炒上色，取出，殼肉分開備用。

3 用同一個鍋子將白蝦頭、蝦殼炒香上色。

4 加入 500ml 的水，小火煮 15 分，高湯過濾後備用。

5 將龍蝦殼倒回鍋內，以 500ml 的水小火煮 15 分，然後把煮好的高湯過濾，去除所有蝦 。

6 將所有的高湯以中小火煮收乾至 1/4，約 15 分鐘時間。

步驟

7 用炒龍蝦的鍋子加入油、蒜泥、紅蔥頭碎炒香上色。

8 接著加入洋蔥碎，炒香上色。

9 加入小番茄、奶油、龍蝦肉、水 300ml 煮至湯汁收乾，接著取出小番茄備用。

10 在奶油龍蝦裡加入之前煮好的蝦、高湯、金門高粱，收乾至水份剩下 2/3。

11 加入鮮奶油，攪拌均勻。

12 最後義大利麵攪拌均勻，用空的龍蝦殼盛裝，放上小番茄擺盤裝飾，即可。

自家製瑞可達乳酪

可以在自家完成的乳酪，有著非常濃郁強烈的奶香，日本很多的超膨舒芙蕾鬆餅也是用瑞可達乳酪去製作的。義大利人在吃生火腿的時候，也都是加上水牛乳酪，但是因為新鮮水牛乳在台灣取得不易，用台灣的鮮奶製作這種瑞可達乳酪也相當合適。

🍴 主食材

鮮奶 … 500ml
鮮奶油 … 250ml
鹽 … 1 又 1/2 小匙
檸檬汁 … 1 大匙
煮飯巾 … 一張
大濾網 … 一個

📅 步驟

1 將鮮奶與鮮奶油煮滾後，加入鹽與檸檬汁，靜置冷卻 15 分鐘

2 在濾網放上煮飯巾，加在一個大容器上，倒入煮好的奶汁，讓它開始滴下多餘的水份。

3 等待 60 分鐘後，拿起煮飯巾，擠乾，裡面的乳酪可以放入容器內，蓋上蓋子可以保存 7 天。

4 可以用來搭配薯條，麵包，當成各式沾醬。

蛋奶素野菇起司班尼迪克蛋

是一道蛋奶素食者可以享用的美味，搭配自家製瑞可達乳酪風味更佳，在蛋奶香的基底下，襯托出菇的味道，口感富有層次。

🍴 主食材

橄欖油 … 40ml
蠔菇 … 50g
金針菇 … 50g
舞菇 … 50g
雞蛋 … 2 顆
自製瑞可達乳酪 … 4 大匙
小圓餐包 … 2 顆
鹽 … 1/4 小匙

步驟

1 用橄欖油小火煸香三種菇類，約 15 分鐘，直到菇類顏色轉深褐色，鍋子不要洗，拿起備用。

2 在煸香菇的同時，用小鍋煮開水，水開之後轉到最小火，水不需要沸騰冒泡。

3 離水面中心點非常近距離打入第一顆蛋，約 4 分鐘後撈起備用。

4 再以同樣方式放入一顆蛋下去煮，撈起備用。

5 將麵包用煎菇類的鍋子，小火煎到表面微脆（要不時檢查），然後拿起塗上瑞可達乳酪。

6 在麵包上鋪上煎香的菇類、半熟蛋，擺盤完成。

超濃郁野菇濃湯

• 兩碗份

一般的蘑菇濃湯都是以奶油炒麵糊為基底，因為這樣可以減少成本，這個食譜用的素材很簡單，將食材的風味完整的發揮，再以蘑菇及洋蔥做成的湯底，濃郁豪華的口感沒有一般麵粉作為基底的粉感，風味也更加濃郁。

主食材

蘑菇 … 60g

香菇 … 120g

洋蔥 … 85g

培根 … 3 片

鮮奶 … 1 杯

鮮奶油 … 1 杯

米糠油 / 純橄欖油 … 1 大匙

糖 … 1/4 小匙

蒜瓣 … 2 顆

鹽 … 1/2 小匙

黑胡椒粉 … 1/4 小匙

細香蔥 … 1 根

步驟

1 洋蔥切絲，香菇、洋菇切片，備用。

2  將培根放入湯鍋用小火慢慢逼油，直到培根脆化，大約 15 分鐘，拿起培根備用。

3 另起鍋，加入油以及洋蔥，以中火炒到洋蔥出現焦色，約 15 分鐘。

4 加入蘑菇片、香菇片，蒜瓣炒 10 分鐘。

5 加入其他所有素材，煮到冒泡後，轉小火再煮 10 分鐘。

6 放入攪拌棒，將所有素材打成泥，約 2 ～ 3 分鐘。

7 灑上切碎的細香蔥，擺盤完成。

蝦濃湯

• 兩碗份

一般在家做料理的時候都會把蝦殼丟掉，其實蝦子最濃厚的風味就是來自於頭與殼，不喜歡吃蝦頭的人，把它做成濃湯，也不會白白浪費豐富的鮮味來源。

主食材

洋蔥 … 1/4 顆
米糠油 / 純橄欖油 … 3 大匙
牛奶 … 300ml
鮮奶油 … 130ml
牛番茄 … 1/4 顆 切小丁
白蝦 … 12 隻
鹽巴 … 1/2 小匙
糖 … 1/4 小匙
辣椒 … 1/5 根（選擇性）
蒜瓣 … 1 瓣

步驟

1 洋蔥切絲，白蝦去殼去頭，蒜瓣去皮壓成泥，辣椒切碎，備用。

2 用一個湯鍋，將蝦殼及蝦頭用橄欖油，以最小火慢慢煎 15 分鐘。

3 用夾子用力將蝦頭裡的蝦膏擠出，然後撈起丟棄。

4 加入洋蔥絲，用木鏟翻炒約 15 分鐘後，不停用鏟子翻炒以免黏鍋。轉中小火，繼續炒約 20 分鐘，直到洋蔥顏色變成深褐色。

5 加入蒜泥、辣椒、牛番茄、白蝦肉繼續炒約 4 分鐘，蝦肉熟後，先撈起備用。

6 加入鮮奶油、牛奶，煮到冒泡，加鹽、糖調味，備用。

7 放入攪拌棒，將全部食材打成泥。

8 把湯倒入碗中，加入剛剛炒熟的白蝦，即可。

南瓜濃湯

• 兩碗份

濃厚的南瓜濃湯，是用大量的原料素材去堆疊出來的美味，用蔬菜本身的質地做出來的濃度，與一般麵粉打出來的口感不同，醇厚的質地與豐富的味道，非常迷人，如果要調整濃度，可以改變牛奶的多寡即可。

主食材

培根 … 兩條
洋蔥 … 1/4 顆
初榨橄欖油 … 2 大匙
南瓜去籽 … 1/8 顆
牛番茄 … 1/2 顆
牛奶 … 半瓶（2 杯）
蘑菇 … 約 30g
鹽 … 1/4 小匙
糖 … 1/4 小匙

步驟

1 洋蔥切絲；牛番茄去皮切塊，蘑菇切片備用。

2 將培根用小火煎到出油，並脆化，體積約縮小一倍，取出備用。

3 起油鍋加入橄欖油、洋蔥，大火炒到洋蔥有點焦色，約六分鐘。然後加入南瓜繼續炒到南瓜上色，約 10 分鐘。

4 加入牛番茄、牛奶、蘑菇片，中火煮到冒泡後馬上轉小火，再煮 10 分鐘，加入鹽、糖調味。

5 放入攪拌棒，將所有食材打均勻細緻的泥狀，即可擺盤。

抹茶乳霜嫩布丁

• 兩碗份

布丁可以說是老少咸宜的甜點，做法也很簡單。加了抹茶乳霜之後，馬上變身成有大人風味的甜品，微微的苦甘味，也可以依個人喜好加點蜜紅豆增加口感。

嫩布丁

奶油 … 1 1/2 大匙
動物性鮮奶油 … 2/3 杯
蛋黃 … 2 顆
糖 … 1 大匙
吉利丁 … 3 片

1 吉利丁用冰塊水浸泡變軟，備用。
2 鮮奶油用小火攪拌煮到略為冒泡後馬上關火，室溫備用。
3 取一個大一點的容器，將蛋黃用打蛋器打成糊。
4 將冷卻後的鮮奶油，加入蛋黃內，再加入糖，攪拌均勻。
5 將冰鎮的吉利丁片撈起，用手擠乾水份，加入鮮奶油蛋糊攪拌均勻。
6 倒入杯子模具中，冷藏至少一天。

抹茶乳霜

鮮奶油 … 200ml
抹茶粉 … 1 小匙
糖 … 1 3/4 小匙

1 將所有食材攪拌均勻，冷藏備用。
2 淋在前一天做好的嫩布丁上，即可。

巧克力岩漿蛋糕

• 四人份

曾經有段時間，岩漿蛋糕是許多餐廳都能吃到的甜點，切開後緩緩流出的巧克力漿視覺感很療癒，其實做法並不難，照著我的配方做，在家就能輕鬆完成。

🍴 主食材

53% 巧克力 … 170g
70% 巧克力 … 56g
奶油 … 113g
麵粉 … 1/2 杯
砂糖 … 1/2 杯
蛋 … 3 顆
蛋黃 … 3 顆
君度橙酒 … 3 大匙
鹽 … 1/8 小匙

📋 步驟

1 將巧克力、砂糖、鹽放在鋼盆內，備用。
2 將奶油用鍋子加熱到融化起泡沫，倒入剛剛裝巧克力的鋼盆裡。
3 用打蛋器快速攪拌奶油跟巧克力，直至完全融合。
4 用濾網過篩巧克力糊，然後分三次慢慢加入麵粉，每次加入麵粉都要先攪拌均勻，確保沒有麵粉結塊，直至完全將麵粉與巧克力漿融合。
5 蛋跟蛋黃用另外的容器打均勻後，再加入巧克力面糊裏面，攪拌均勻。
6 倒入烤盅，220 度 C 烤 6 分鐘後，取出即可。

家傳料理 :
記憶中的家鄉味

FAMILY
COOKING

味道開始的地方

這個單元裡蒐錄的料理，是我個人私心想收錄在食譜書內的美味。有些甚至是從我外婆傳授給我媽媽的傳家菜。我的母親雖然非常忙碌，但是每個禮拜天都會在家煮飯，而這些是我最熟悉的味道，更是我成為廚師的啟蒙之味，正是這些家常菜的好味道，開啟了我對料理的所有想像。

雞高湯

料理用的雞高湯，做起來保存可以拿來炒菜，做義大利麵，咖哩，玉米濃湯等等用來取代水，很多做不出來的餐廳風味，都是來自於細心熬煮的高湯，作為料理的基礎。

主食材

雞爪 … 8 隻
雞腿 … 6 隻
蔥 … 4 根
薑片 … 4 片
水 … 2000ml
鹽 … 2 小匙

步驟

1 水燒開後加入所有的雞爪、雞腿汆燙一分鐘，取出放到另一鍋水內，轉中火。

2 加蔥段、薑片、鹽，中火煮開後，轉小火煮 2 小時，過濾掉固體食材，即可。

黃燜雞

• 兩人份

這道傳統的料理有很多種作法，但武媽媽覺得最重要的是不要添加太多多餘的食材，包括香菇、青椒…等，雖然這樣的做法不是最正統，但是雞肉的香氣，湯汁的鹹香會更加明顯。

主食材

雞翅 … 10 隻 分三節
蔥 … 4 根 切 4 公分段
八角 … 5 個
薑片 … 8 片
黃酒 … 半瓶
小辣椒 … 4 個
黑豆醬油 … 1 又 1/4 杯
冰糖 … 3 大匙
純橄欖油 / 米糠油 … 3 大匙
雞高湯 … 3 杯
朝天椒 … 三根 切碎

步驟

1 用湯鍋燒水，水滾後加入雞肉，水開後再快速撈起雞腿雞翅，沖涼水，瀝乾備用。

2 用不沾鍋加入油，小火加入蔥、薑、八角略炒，直到蔥上色，大約 8 分鐘，把這些香料撈起備用。

3 油鍋不洗加入雞翅，將其中一面煎到金黃色後，加入所有調味料及高湯，用中火煮到冒泡後，關小火蓋上鍋蓋悶煮 1 小時 30 分，打開鍋蓋，再續煮 30 分鐘，中間需要不時用鏟子翻動，以免雞翅黏在鍋底，待湯汁收至鍋內產生黏性，即可關火起鍋。

枇杷蝦拖

這是我們家的家傳菜色,是每年過年必備的料理,做法非常繁複,但是做出來的成果絕對不會讓你失望,也很適合作為宴客菜。

🍴 主食材

吐司麵包 … 2 片 去邊,每片切成四等份
枇杷 … 3 顆 去皮去籽
(非枇杷季節可以用一顆小蘋果去皮去籽替代)
蝦仁 … 300g
蘋果 … 1/8 顆 削皮 去籽
片栗粉 … 4 大匙 + 2 大匙
純橄欖油 / 米糠油 … 適量
鹽 … 3/4 小匙
白胡椒 … 1/4 小匙
薑末 … 少許
黃酒 … 2 大匙

⊟ 步驟

1 蝦仁去腸泥，洗淨，用紙巾擦乾，放入少許黃酒，白胡椒，少許薑末醃製 5 ～ 10 分鐘

2 蝦仁、枇杷、蘋果、橄欖油、鹽，加入 4 大匙片栗粉，用攪拌機打均勻，取出，捏成約 2.5 公分直徑的蝦球，備用。

3 準備一個碗放入兩大匙片栗粉，把每一個蝦球底部都用手點上片栗粉，然後黏在吐司麵包片上。

4 用深鍋加入足夠的油，大約 3 公分深，（跟蝦拖差不多深度），將油燒熱。

5 用漏勺盛裝蝦拖，一個一個慢慢下鍋，一次不要下太多個，油炸時，一邊用大湯匙將熱油淋在蝦泥丸上，炸至略黃時撈起，靜置三分鐘。

6 待所有蝦托炸完，放回油鍋中，用大火炸第二次，即可盛盤。

蟹肉獅子頭

獅子頭是家喻戶曉的一道傳統菜,但我家的做法不用豬肉,而是用雞肉,所以風味更加清爽細嫩,加上蟹腿肉能增加海洋的鮮味,燉好之後,湯清味鮮,絕對和你吃過的獅子頭有很大不同。

🍴 主食材

蟹腿肉 … 200 公克
去骨大雞腿 … 1 隻
薑末 … 1/2 小匙
雞高湯 … 600ml
片栗粉 … 2.5 大匙
白胡椒粉 … 1/2 小匙
黃酒 … 1 大匙
鹽 … 3/4 小匙
麵粉 … 1 碗

步驟

1 去骨雞腿如果是用菜市場買的可以直接請他做成絞肉,如果不是,可以用食物調理機直接打成泥。

2 蟹腿肉洗淨擦乾後,加入絞碎的雞腿肉、黃酒、薑末、白胡椒粉、鹽、片栗粉,攪拌均勻備用。

3 手洗淨擦乾,用手沾上麵粉,把絞肉泥分別捏成四個拳頭大小的獅子頭,分別放在大碗裡。

4 碗裡面加入雞高湯,淹沒獅子頭,然後包上保鮮膜,放入事先預熱好的電鍋蒸 20 分鐘,即可上桌。

奶油黃酒明蝦

也是一道過年我們家一定會做的菜，做法非常簡單，奶油加上黃酒的風味非常特殊，將明蝦的香氣提升到另外一個層次，這道菜一定要使用明蝦，替代的風味是完全不同的。

🍴 主食材

明蝦 … 6 隻
蒜瓣 … 10 顆 壓成泥
有鹽奶油 … 100g
黃酒 … 1 杯
純橄欖油 … 3 大匙

步驟

1　明蝦剪去鬍鬚，中間剖開去除腸泥，洗淨擦乾備用。

2　小火將橄欖油、奶油、蒜泥慢慢炒上色，大約8 分鐘。

3　加入明蝦煎至單面上色後，翻面續煎至上色。

4　加入黃酒煮 2 分鐘，即可取出盛盤。

家傳醬牛肉

用了與傳統醬油不同的做法，更加清爽不膩口，牛肉本身的香氣與風味也更加明顯，由於小花腱不易取得，可以用牛臉頰，牛肋條來做替代。

🍴 主食材

小花腱 … 3 顆

蔥 … 3 根切 3 公分段

薑 … 4 片 切薄片

八角 … 4 顆

月桂葉 … 5 片

陳皮 … 3 大匙

黃酒 … 半瓶

冰糖 … 2 大匙

鹽 … 1 小匙

純橄欖油 … 1 大匙

雞高湯 … 1200ml

步驟

1 將小花腱用滾水燒 2 分鐘，撈起備用。

2 起油鍋，用最小火炒香蔥段、薑片、八角、月桂葉，炒約 10 分鐘上色。

3 把處理好的小花腱、炒香的香料、冰糖、鹽、黃酒、雞高湯一起放入電鍋內鍋，外鍋放約 600ml 的水，把小花腱蒸熟。

4 蒸熟後再在外鍋再加入 200ml 的水，再蒸一次。

5 將整個內鍋拿起，放涼後包上保鮮膜，冷藏 12 小時。

6 冷藏完全後，取出將湯汁倒出，用小火把湯汁濃縮，大需要約 40 分鐘。待湯汁濃縮剩 1/3 時，冷卻備用。

7 將小花腱肉切片，沾取濃縮的湯汁，即可食用。

後記

　　我自己本身很喜歡買食譜，網路上看別人的食譜做料理，開了餐廳之後，大部分的時間都是放在經營與管理，這次我的經紀人月琴姊與時報出版給了我這個機會，我非常開心能夠將自己喜歡的味道傳達出去，將自己家裡熟悉的味道傳承下來，也能夠在這個過程中重新檢視自己，單純地去做、去想，並重新喜歡上自己的料理，希望這本書可以給你們一個會一直想念的風味，這是這本書對我來說最重要的意義。

　　我從來沒有想過自己會出書，在成為廚師之後，其實大部分的過程都是非常挫折的，但也受到了無數人的幫助。我的母親給了我對料理所有的發想，我的父親教了我無數關於經營管理的知識，我的老婆給了我很多的支持，也讓我自己無法接觸到的人群去認識我的料理，我的哥哥是我在美國時期的主廚師傅，我的合夥人張昆傑對我的信任，以及他對細節與美感的專業，我餐廳的所有夥伴，我的左右手 Eddie、Cathy…等等，都在我創業的過程中給了我無數的幫助。

VI00106

紳裝主廚武俊傑的人生和他的創意料理：

掌握烹飪知識點、技巧、零失敗、絕對美味的 42 道完整食譜提案

作　　者—武俊傑

經　　紀—吉帝斯整合行銷工作室 任月琴

攝　　影—艾肯攝影工作室 鄧正乾

妝　　髮—小粉紅 Pink

封面設計—鄭婷之

內頁設計—楊雅屏

責任編輯—周湘琦

食譜編輯—許家芃

協力編輯—王苹儒

行銷企劃—宋　安

總 編 輯—周湘琦

董 事 長—趙政岷

出 版 者—時報文化出版企業股份有限公司

　　　　　108019 台北市和平西路三段二四〇號二樓

　　　　　發行專線（02）2306-6842

　　　　　讀者服務專線　0800-231-705、（02）2304-7103

　　　　　讀者服務傳真（02）2304-6858

　　　　　郵撥　1934-4724 時報文化出版公司

　　　　　信箱　10899 臺北華江橋郵局第 99 信箱

時報悅讀網— http://www.readingtimes.com.tw

電子郵件信箱— books@readingtimes.com.tw

時報出版風格線臉書— https://www.facebook.com/bookstyle2014

法律顧問—理律法律事務所　陳長文律師、李念祖律師

印　　刷—金漾印刷有限公司

初版一刷— 2021 年 8 月 13 日

定　　價— 新台幣 420 元

illustration by freepic© （Page 58,59,61,63,67）

紳裝主廚武俊傑的人生和他的創意料理：掌握
烹飪知識點、技巧、零失敗、絕對美味的 42
道完整食譜提案 / 武俊傑作 -- 初版 .-- 臺北
市：時報文化出版企業股份有限公司 , 2021.08
　面；　公分
ISBN 978-957-13-9271-4(平裝)

1. 食譜

427.1　　　　　　　　　　　　　　110012080

luigi

1. 限以下店家使用：路易奇洗衣公司、路易奇電力公司、路易奇火力會社
   KRIS/CRIS格禮氏牛排、川泰辣、The Roman。

2. 無使用期限, 結帳時交給店員即可。(影本無效)

3. 單次消費限用乙張, 使用上限同行6人。

4. 店家保留解釋權利。

8折 折價券

---

luigi

1. 限以下店家使用：路易奇洗衣公司、路易奇電力公司、路易奇火力會社
   KRIS/CRIS格禮氏牛排、川泰辣、The Roman。

2. 無使用期限, 結帳時交給店員即可。(影本無效)

3. 單次消費限用乙張, 使用上限同行6人。

4. 店家保留解釋權利。

8折 折價券

---

luigi

1. 限以下店家使用：路易奇洗衣公司、路易奇電力公司、路易奇火力會社
   KRIS/CRIS格禮氏牛排、川泰辣、The Roman。

2. 無使用期限, 結帳時交給店員即可。(影本無效)

3. 單次消費限用乙張, 使用上限同行6人。

4. 店家保留解釋權利。

8折 折價券

生活采家® 一體成型堅固耐用
全包覆矽膠工具組

官方旗艦購物網　　LINE@官方客服